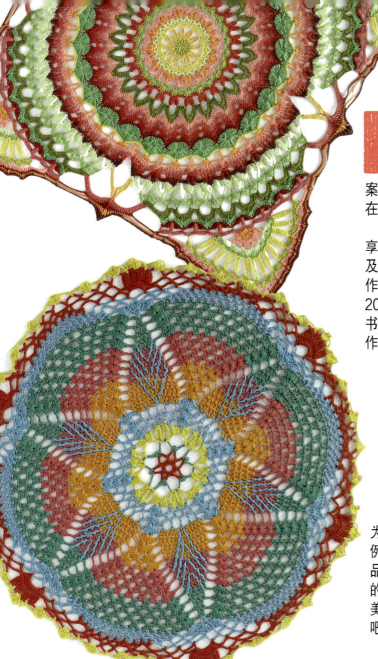

D 在过去的几年里，美丽的曼陀罗图案越来越多地出现在涂色书中，并日益受到人们的喜爱。它的成功在于曼陀罗涂色可以让人们静心减压，也会从中获得很多灵感。本书将曼陀罗图案用钩针编织的形式表现出来，让这些美丽的作品出现在日常生活当中。

享誉全球的编织设计大师安和卡洛斯（Arne & Carlos）及克里斯戴尔·萨尔加罗罗（Kristel Salgarollo）是本书作品的主要设计者。本书的作者们用丰富的色彩表现了20多款美轮美奂、极具创意的曼陀罗作品的钩织方法。书中作品使用的是最基础的钩针针法，希望你在动手制作的过程中充分享受到创意的乐趣！

为征集到更好的作品，我们在网络上举办了一次史无前例的作品大赛，很多编织爱好者给我们寄来了他们的作品，仿佛在编织界刮起了一场曼陀罗旋风。书中有名家的作品，也有普通参赛者的作品，但每一款作品都美轮美奂。打开本书，让我们开启柔美的曼陀罗钩织之旅吧。

本书使用说明

线：可以用羊毛线、棉线，或者是合成纤维线。无论选择何种材质和颜色的线，一个作品中线的粗细应该是一致的。

玫瑰之风

设计：桑德琳·卡多特

材料和工具

* 线的颜色：亮黄色、橙色、血橙色、浅绿松石色、皇室蓝色、杏黄色、淡紫色、深酒红色、绿色、红色、茴香绿色
* 使用与线粗细相匹配的钩针

基本针法

锁针、引拔针、短针、长针、长长针、3针长针的枣形针；看编织图解

编织方法

用亮黄色线，钩针挂线起针，钩10针锁针后引拔成环。

第1圈（亮黄色线）：立织3针锁针（＝1针长针），23针长针，编织终点和立织的锁针引拔针，剪线。

第2圈（橙色线）：重复12次（2针长针、1针锁针），编织终点和开始的1针钩引拔针，剪线。

第3圈（血橙色线）：重复12次（在1锁针上钩1针短针、5针锁针，越过2针长针），编织终点和开始的1针钩引拔针，剪线。

第4~23圈：继续按照图解钩织，剪线。

美丽的曼陀罗钩织

〔挪〕安和卡洛斯◎等著
陆 歆◎译

河南科学技术出版社
·郑州·

目录

金奖作品 ·· 4
   玫瑰之风 ·· 4
安和卡洛斯作品 ·· 7
   徐徐微风 ·· 8
   布雷瓦风 ·· 10
   茂卡风 ·· 12
克里斯戴尔·萨尔加罗罗作品 ······················ 17
   娜佳风 ·· 18
   西洛可风 ·· 20
   法鲁风 ·· 24
   娇兰风 ·· 26
   布拉风 ·· 28
卡米耶作品 ·· 31
   赫高风 ·· 32
   利贝奇奥风 ··· 34
   帕姆佩罗风 ··· 36
   阿克朗风 ·· 38
杰西卡作品 ·· 39
   哈麦坦风 ·· 40
   梵达维尔风 ··· 42
其他创作者作品 ·· 43
   梵风 ··· 46
   艾利兹风 ·· 50
   索拉诺风 ·· 52
   穆索风 ·· 54
   普鲁加风 ·· 58
   帝瓦诺风 ·· 60
   钦诺克风 ·· 62
   塔蒙丹纳风 ··· 66
   斯克隆风 ·· 68
   密史脱拉风 ··· 70
   马塔努斯卡风 ·· 72
   泽飞尔风 ·· 76
钩针编织基本针法 ···································· 78

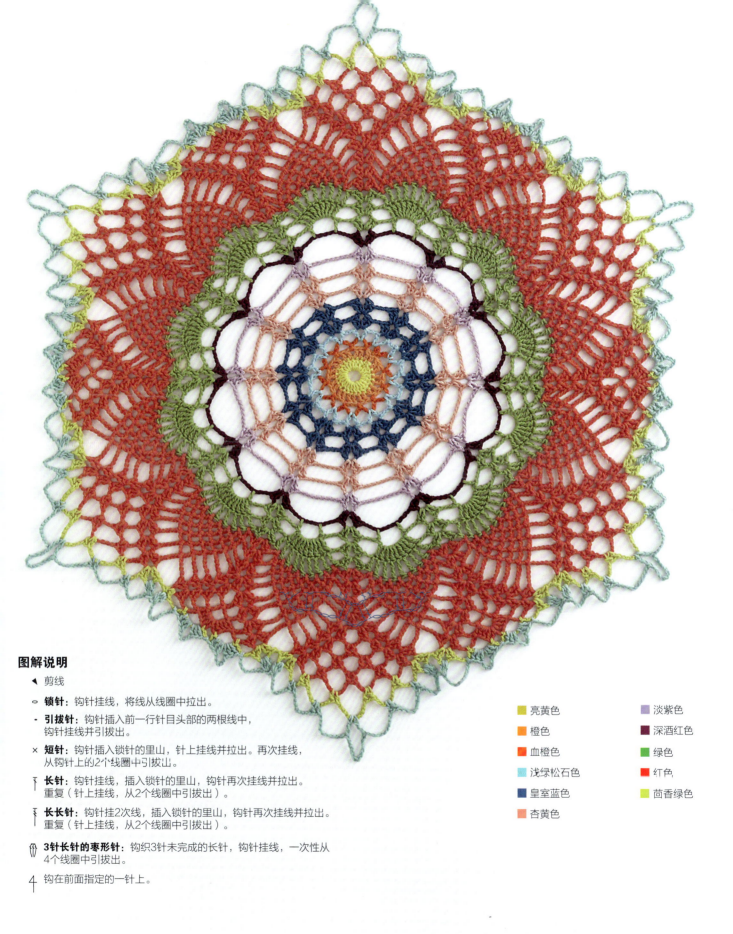

图解说明

◂ 剪线

○ **锁针**：钩针挂线，将线从线圈中拉出。

- **引拔针**：钩针插入前一行针目头部的两根线中，钩针挂线并引拔出。

× **短针**：钩针插入锁针的里山，针上挂线并拉出。再次挂线，从钩针上的2个线圈中引拔出。

┬ **长针**：钩针挂线，插入锁针的里山，钩针再次挂线并拉出。重复（针上挂线，从2个线圈中引拔出）。

┬ **长长针**：钩针挂2次线，插入锁针的里山，钩针再次挂线并拉出。重复（针上挂线，从2个线圈中引拔出）。

3针长针的枣形针：钩织3针未完成的长针，钩针挂线，一次性从4个线圈中引拔出。

┬ 钩在前面指定的一针上。

■ 亮黄色　　■ 淡紫色
■ 橙色　　　■ 深酒红色
■ 血橙色　　■ 绿色
■ 浅绿松石色　■ 红色
■ 皇室蓝色　　■ 茴香绿色
■ 杏黄色

安和卡洛斯作品

ARNE & CARLOS

徐徐微风

设计：安和卡洛斯

材料和工具

✻ SCHACHENMAYR线，美利奴羊毛，120　DK（100%纯羊毛；50g/120m），线的颜色：橙色(00125)、红色(00131)、栗色(00111)、黄色(00121)、蓝绿色(00166)、原白色(00101)
✻ 使用3.5mm的钩针

基本针法

锁针、引拔针、短针、长长针、3针长长针并1针；看编织图解

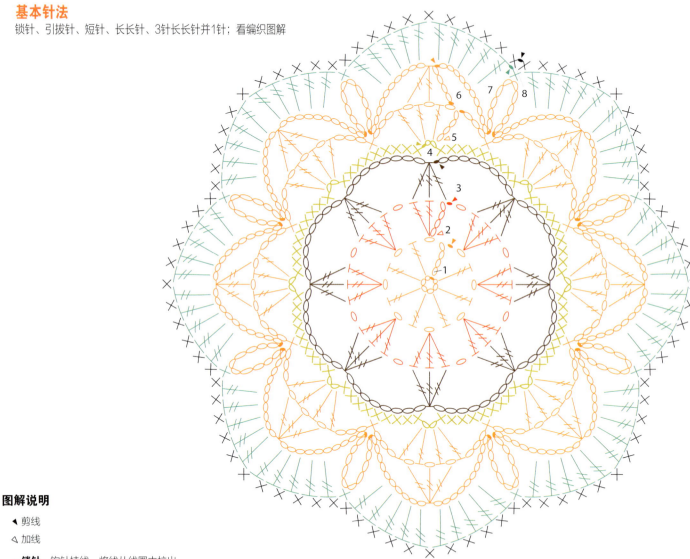

图解说明

◀ 剪线

◁ 加线

○ **锁针**：钩针挂线，将线从线圈中拉出。

− **引拔针**：钩针插入前一行针目头部的两根线中，钩针挂线并引拔出。

× **短针**：钩针插入锁针的里山，针上挂线并拉出。再次挂线，从钩针上的2个线圈中引拔出。

↑ **长长针**：钩针挂2次线，插入锁针的里山，钩针再次挂线并拉出。重复（针上挂线，从2个线圈中引拔出）。

↑ **3针长长针并1针**：钩织3针未完成的长长针，钩针挂线，一次性从4个线圈中引拔出。

编织方法

用橙色线，钩针挂线起针，钩6针锁针后引拔成环。

第1圈（橙色线）：立织5针锁针（=第1针长长针和1针锁针），重复7次（1针长长针、1针锁针），编织终点和立织的第4针锁针引拔，剪线。

第2圈（红色线）：在上一圈的1针锁针上加线，在同一针里立织4针锁针、2针长长针、1针锁针，重复7次（在接下来的锁针上钩3针长长针、1针锁针），编织终点和立织的第4针锁针引拔，剪线。

第3圈（栗色线）：重复8次（3针长长针并1针、8针锁针），编织终点和第1针长长针引拔，剪线。

第4圈（黄色线）：从第1个锁针链开始，重复8次（在1个锁针链上钩9针短针、2针锁针），编织终点钩引拔针，剪线。

第5圈（橙色线）：在第1针锁针加线，立织5针锁针（=1针长长针和1针锁针），1针长长针、1针锁针、1针长长针、1针锁针、1针长长针、3针锁针，在上一圈9针短针的第5针上钩1针短针、3针锁针，重复7次（在之后的小锁针链上钩1针长长针、1针锁针、1针长长针、1针锁针、1针长长针、1针锁针、1针长长针；3针锁针，在上一圈9针短针的第5针上钩1针短针、3针锁针），编织终点和立织的第4针锁针引拔，剪线。

第6圈（橙色线）：以引拔针向前，移动至锁针，重复8次{在上一圈锁针里钩3针长长针并1针，（注：4针锁针可代替1针长长针）10针锁针，在之后的短针上钩：1针引拔针、10针锁针、1针引拔针；10针锁针}。编织终点和立织的锁针引拔，剪线。

第7圈（蓝绿色线）：从一组3针长长针并1针的左边的锁针链开始，（如图所示），重复8次（在同一锁针链中钩5针长长针，在之后的锁针链中钩5针长长针，在之后的10针锁针所构成的锁针链中钩一针短针），编织终点和长长针钩引拔，剪线。

第8圈（原白色线）：在前面一圈的每一针之间钩1针锁针。编织终点和第1针短针上钩引拔针，剪线。

将线收紧，藏好线头。

布雷瓦风

设计：安和卡洛斯

材料和工具

* SCHACHENMAYR线，美利奴羊毛，120 DK（100%纯羊毛；50g/120m），线的颜色：黄色(00121)、杏黄色（00123）、番茄红色（00130）、茴香绿色（00174）、龙胆草色（00153）、淡蓝色（00152）、蓝绿色(00166)、珊瑚红色（00134）、翡翠绿色（00177）
* 使用3.5mm的钩针

基本针法

锁针、引拔针、短针、长针、长长针、3卷长针、2针长长针并1针、装饰花片；看编织图解

- 黄色
- 杏黄色
- 番茄红色
- 茴香绿色
- 龙胆草色
- 淡蓝色
- 蓝绿色
- 珊瑚红色
- 翡翠绿色

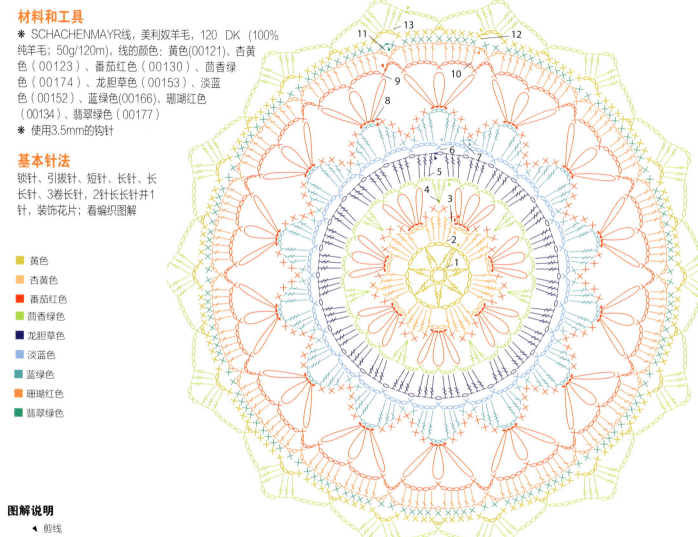

图解说明

◀ 剪线

○ **锁针**：钩针挂线，将线从线圈中拉出。

- **引拔针**：钩针插入前一行针目头部的两根线中，钩针挂线并引拔出。

× **短针**：钩针插入锁针的里山，针上挂线并拉出。再次挂线，从钩针上的2个线圈中引拔出。

长针：钩针挂线，插入锁针的里山，钩针再次挂线并拉出。重复（针上挂线，从2个线圈中引拔出）。

长长针：钩针挂2次线，插入锁针的里山，钩针再次挂线并拉出。重复（针上挂线，从2个线圈中引拔出）。

3卷长针：钩针挂线，绕3圈线后插入1针，针上挂线，从2个线圈中拉出。重复（针上挂线，从2个线圈中引拔出）。

2针长长针并1针：钩织2针未完成的长长针，一次性从针上最后3个线圈中引拔出。

 装饰花片：在1个锁针链里钩：1针引拔针、12针锁针、1针引拔针、12针锁针、1针引拔针、12针锁针、1针引拔针。

编织方法

用黄色线，钩针挂线起针，钩8针锁针后引拔成环。

第1圈（黄色线）立织4针锁针（=第1针长长针），1针长长针，3针锁针，重复6次（2针长长针并1针、3针锁针），编织终点和立织的第4针针引拔，剪线。

第2圈（杏黄色线）：重复7次（在1个锁针链上钩：1针长长针、1针长长针、1针3卷长针、1针长长针、1针长针、2针锁针），编织终点和开始的第1针长针引拔，剪线。

第3圈（番茄红色线）：重复7次[重复4次（2针之间钩1针短针），钩1个装饰花片（在之后的2针锁针上钩1针引拔针、12针锁针、1针引拔针、12针锁针、1针引拔针、12针锁针、1针引拔针），4针短针]，编织终点和开始的第1针短针引拔，剪线。

第4圈（茴香绿色线）：重复7次[在前一圈的4针短针的第2针和第3针间钩3针长长针，重复3次（3针锁针、1针短针），3针锁针]，编织终点和开始的长长针引拔，剪线。

第5圈（龙胆草色线）：在上一圈的锁针链上钩3针长长针，1针锁针。编织终点与开始的长长针引拔，剪线。

第6圈（淡蓝色线）：在上一圈的每针锁针上钩1针短针，4针锁针。编织终点与开始的短针引拔，剪线。

第7圈（蓝绿色线）：如图所示，重复14次（在1个锁针链中钩1针短针、1针长长针、1针长长针、1针3卷长针、3针锁针，在之后的锁针链中钩1针3卷长针、1针长长针、1针长针、1针短针），编织终点与第1个短针引拔，剪线。

第8圈（番茄红色线）：从1个锁针链开始，重复钩织（在同一个锁针链上钩装饰花片，7针短针），编织终点钩引拔针，剪线。

第9圈（番茄红色线）：在上一圈的每个锁针链上钩1针短针、5针锁针，编织终点与开始的短针引拔，剪线。

第10圈（珊瑚红色线）：从番茄红色装饰花片左边的锁针链开始（如图所示），在一整圈上重复钩（在1个锁针链上钩5针长长针，1针锁针，在之后的锁针链上钩5针长长针，2针锁针，在之后的锁针链上钩1针短针：在两个装饰花片之间钩2针锁针），编织终点与开始的短针引拔，剪线。

第11圈（翡翠绿色线）：钩织154针短针，编织终点钩引拔针，剪线。

第12圈（黄色线）：如图所示，重复（5针短针、2针锁针、5针短针、3针锁针），剪线。

第13圈（茴香绿色线）：从3针锁针链开始，在同一个锁针链里重复（3针长长针、3针锁针、3针长长针、5针锁针，在2针锁针的锁针链里钩1针短针、5针锁针）。编织终点与第1针长长针引拔，剪线。

将线收紧，藏好线头。

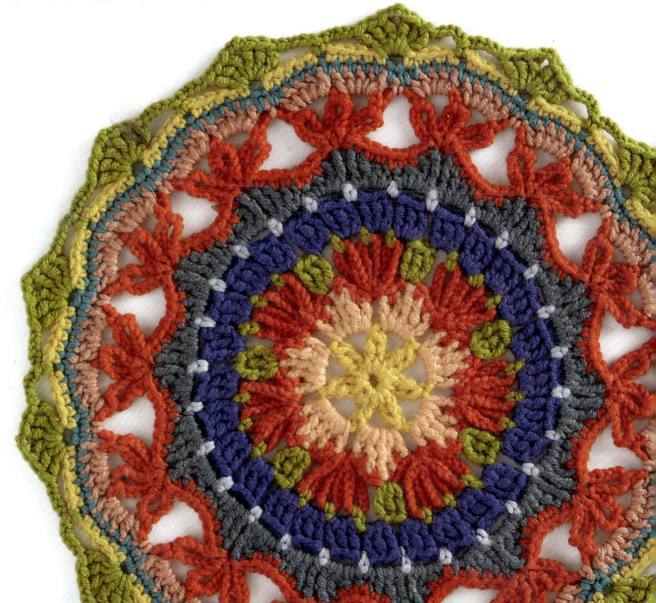

茂卡风

设计：安和卡洛斯

材料和工具

* SCHACHENMAYR线，美利奴羊毛，120DK（100%纯羊毛；50 g/120m），线的颜色：石油蓝色(00169)、玫红色（00137）、黄色（00121）、天蓝色（00165）、红色（00131）、杜鹃粉色（00139）
* 使用3.5mm的钩针

基本针法

锁针、引拔针、短针、长针、长长针、3卷长针、3针长长针并1针、装饰图案；看编织图解

编织方法

用石油蓝色线，钩针挂线起针，钩8针锁针后引拔成环。

第1圈（石油蓝色线）：立织7针锁针（=第1针长长针和3针锁针），重复7次（1针长长针、3针锁针），编织终点与立织的第4针锁针引拔，剪线。

第2圈（玫红色线）：从第1个锁针链开始，重复8次（在1个锁针链中钩3针长长针并1针、5针锁针），编织终点与开始的第1针长长针引拔，剪线。

第3圈（黄色线）：在前一圈的每个锁针链上钩（1针短针、1针长针、2针长长针、1针长针、1针短针）。编织终点与开始的短针引拔，剪线。

➜ 下接14页

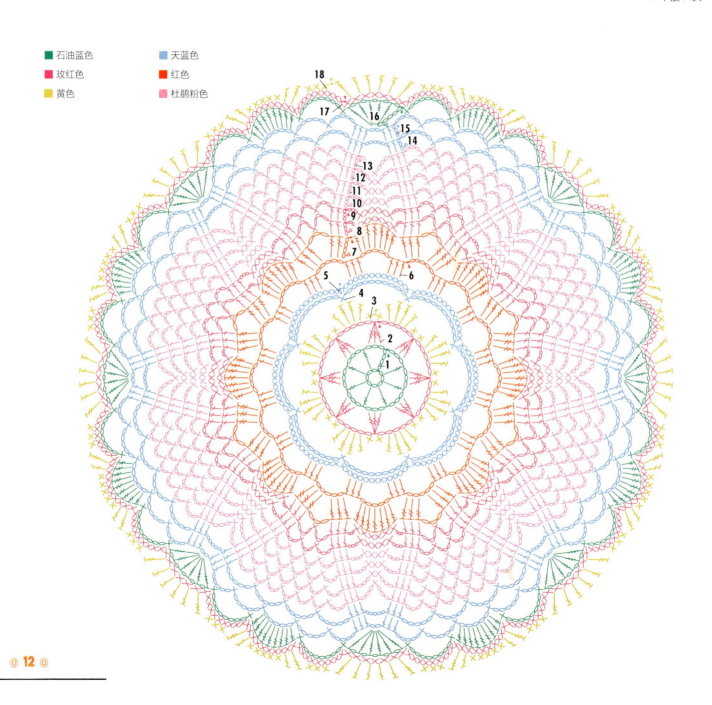

- 石油蓝色
- 天蓝色
- 玫红色
- 红色
- 黄色
- 杜鹃粉色

图解说明

◀ 剪线

◁ 加线

○ **锁针**：钩针挂线，将线从线圈中拉出。

- **引拔针**：钩针插入前一行针目头部的两根线中，钩针挂线并引拔出。

× **短针**：钩针插入锁针的里山，针上挂线并拉出。再次挂线，从钩针上的2个线圈中引拔出。

╀ **长针**：钩针挂线，插入锁针的里山，钩针再次挂线并拉出。重复（针上挂线，从2个线圈中引拔出）。

╪ **长长针**：钩针挂2次线，插入锁针的里山，钩针再次挂线并拉出。重复（针上挂线，从2个线圈中引拔出）。

╪ **3卷长针**：钩针挂线，绕3圈线后插入1针，针上挂线，从2个线圈中拉出。重复（针上挂线，从2个线圈中引拔出）。

Ⱳ **3针长长针并1针**：钩织3针未完成的长长针，钩针挂线，一次性从4个线圈中引拔出。

茂卡风

第4圈（天蓝色线）：重复8次（在2针长长针之间钩1针短针、10针锁针），编织终点与开始的短针引拔，不剪线。

第5圈（天蓝色线）：1针锁针，在上一圈的每个锁针链里钩13针短针，编织终点与开始的锁针引拔，剪线。

第6圈（红色线）：重复8次（在上一圈短针的第3、4、5针上各钩1针长针、5针锁针，跳过3针锁针，钩3针长针、5针锁针），编织终点时与第1针长针引拔，剪线。

第7圈（红色线）：加线（如图所示），在同一个锁针链上立织4针锁针和2针长长针；重复钩一整圈（3针锁针、3针长长针，在下一个锁针链上钩7针长长针，在下一个锁针链上钩3针长长针），编织终点与立织的锁针引拔，剪线。

第8圈（玫红色线）：加线（如图所示），立织3针锁针，2针长针；重复钩一整圈（3针锁针、 1针短针、3针锁针、3针锁针、3针长针，在7针长长针之间钩6针短针、3针锁针，在之后的长针组中钩3针长针），编织终点与立织的锁针引拔，剪线。

第9圈（玫红色线）：立织3针锁针，2针长针；重复钩一整圈（3针锁针、1针短针、3针锁针、1针短针、3针锁针，在上一圈的长针上钩3针长针、3针锁针、 5针短针、3针锁针，在上一圈的长针上钩3针长针），编织终点与立织的锁针引拔，剪线。

第10圈（杜鹃粉色线）：加线（如图所示），立织3针锁针（=1针长针），2针长针；重复钩一整圈{重复3次（3针锁针、1针短针），3针锁针，在上一圈的长针上钩3针长针，3针锁针，4针短针，3针锁针，在上一圈的长针上钩3针长针}，编织终点与立织的锁针引拔，不剪线。

第11圈（杜鹃粉色线）：立织3针锁针，2针长针；重复钩一整圈{重复4次（3针锁针、1针短针），3针锁针，在上一圈的长针上钩3针长针，3针锁针，3针短针，3针锁针，在上一圈的长针上钩3针长针}，编织终点与立织的锁针引拔，不剪线。

第12圈（杜鹃粉色线）：立织3针锁针，2针长针。重复钩一整圈{重复5次（3针锁针、1针短针），3针锁针，在上一圈的长针上钩3针长针，3针锁针，2针短针，3针锁针，在上一圈的长针上钩3针长针}，编织终点与立织的锁针引拔，不剪线。

第13圈（杜鹃粉色线）：立织3针锁针，2针长针；重复钩一整圈{重复6次（3针锁针、1针短针），3针锁针，在上一圈的长针上钩3针长针，3针锁针，1针短针、3针锁针，在上一圈的长针上钩3针长针}编织终点与立织的

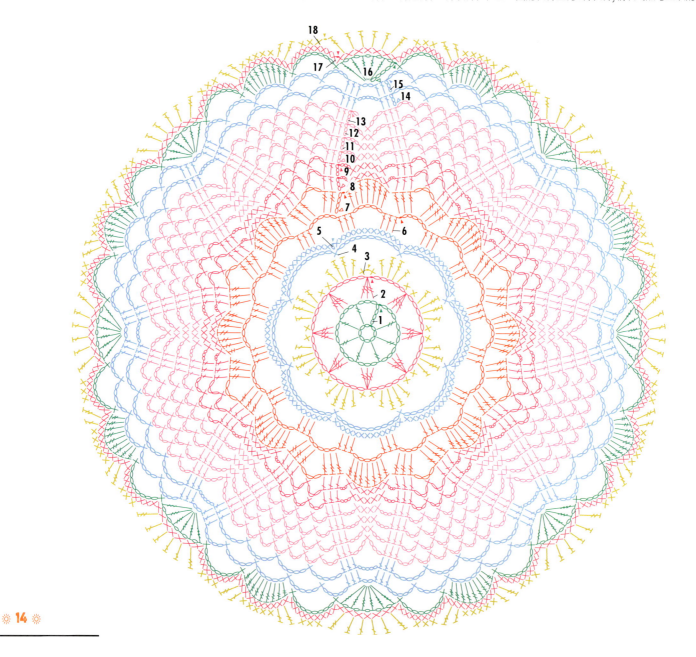

锁针引拔，剪线。

第14圈（天蓝色线）：在菠萝图案周围长针的右边加线（如图所示），立织3针锁针，2针长针，重复钩一整圈{5针锁针，在上一圈的长针上钩3针长针，重复3次（5针锁针，跳过1个锁针链，在之后的1个锁针链上钩1针短针），5针锁针，在上一圈的长针上钩3针长针}，5针锁针，编织终点与立织的锁针引拔，不剪线。

第15圈（天蓝色线）：立织3针锁针，2针长针。重复钩一整圈{2针锁针，在上一圈的长针上钩3针长针，重复4次（5针锁针、1针短针），5针锁针，在上一圈的长针上钩3针长针}，5针锁针，编织终点与立织的锁针引拔，剪线。

第16圈（石油蓝色线）：在2组长针组之间的一个小圈上系上线（如图所示），钩{立织6针锁针（=1针3卷长针和1针锁针），重复5次（1针3卷长针、1针锁针}；重复钩一整圈{ 1针短针、8针锁针、1针短针、9针长长针、1针短针、8针锁针、1针短针，重复6次{1针3卷长针、1针锁针}，1针短针、8针锁针、1针短针，编织终点与立织的第5针锁针引拔，剪线。

第17圈（玫红色线）：如图所示，在上一圈的每针锁针里钩1针短针，编织终点与第1针短针引拔，剪线。

第18圈（黄色线）：重复钩一圈（如图所示，在1针3卷长针的左侧的第4、5、6针短针上钩3针短针，跳过3针短针，钩1针长长针、1针长针、5针短针、1针长针、1针长长针、3针短针、1针长长针、4针长针、1针长长针），编织终点与第1针短针引拔，剪线。

装饰图案

用天蓝色线，钩装饰图案：菠萝花（由右下方向上）钩织如下：在第5圈的短针中钩1针引拔针（如图所示），3针锁针；在第6圈的锁针链和长针之间钩1针引拔针，3针锁针，在红色长长针的高度钩1针引拔针，3针锁针，在之后一圈的锁针链上钩1针引拔针，2针锁针，重复（在之后一圈的锁针链上钩1针引拔针），在第14圈的锁针链上钩3针锁针和1针引拔针，剪线。

另一侧用同样方法钩织。随后钩另外7个相同的菠萝花。

将线收紧，藏好线头。

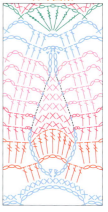

装饰图案

■ 石油蓝色　　■ 天蓝色
■ 玫红色　　　■ 红色
■ 黄色　　　　■ 杜鹃粉色

图解说明

◂ 剪线

▽ 加线

○ **锁针**：钩针挂线，将线从线圈中拉出。

– **引拔针**：钩针插入前一行针目头部的两根线中，钩针挂线并引拔出。

× **短针**：钩针插入锁针的里山，针上挂线并拉出。再次挂线，从钩针上的2个线圈中引拔出。

† **长针**：钩针挂线，插入锁针的里山，钩针再次挂线并拉出。重复（针上挂线，从2个线圈中引拔出）。

‡ **长长针**：钩针挂2次线，插入锁针的里山，钩针再次挂线并拉出。重复（针上挂线，从2个线圈中引拔出）。

‡ **3卷长针**：钩针挂线，绕3圈线后插入1针，针上挂线，从2个线圈中拉出。重复（针上挂线，从2个线圈中引拔出）。

⋏ **3针长长针并1针**：钩织3针未完成的长长针，钩针挂线，一次性从4个线圈中引拔出。

克里斯戴尔·
萨尔加罗罗作品

KRISTEL SALGAROLLO

娜佳风

设计：克里斯戴尔·萨尔加罗罗

材料和工具

* SCHACHENMAYR线，Baby Smile棉线（100%纯棉；25g/92m），线的颜色：白色(1001)、乳白色（1021）、黄色（1022）、杏黄色（1024）、橘色（1025）、红色（1030）、粉色（1036）、紫红色（1037）、深紫色（1049）、淡蓝色（1066）、绿松石色（1065）、蓝色（1069）、深蓝色（1053）
* Lana Grossa线、Cool Wool线（100%纯羊毛，50g/160m）、绿色线（588）
* 使用3mm的钩针

基本针法

锁针、引拔针、短针、中长针、长针、长长针、4卷长针、1针放2针短针、1针放3针短针、长长针的正拉针、4针长针的枣形针：看编织图解

图解说明

- ◀ 剪线
- △ 加线
- ○ 环形起针
- ○ **锁针**：钩针挂线，将线从线圈中拉出。
- - **引拔针**：钩针插入前一行针目头部的两根线中，钩针挂线并引拔。
- × **短针**：钩针插入锁针的里山，针上挂线并拉出。再次挂线，从钩针上的2个线圈中引拔出。
- ┬ **中长针**：钩针挂线，插入锁针的里山，钩针挂线并拉出。再次挂线，从钩针上的3个线圈中引拔出。
- ┼ **长针**：钩针挂线，插入锁针的里山，钩针再次挂线并拉出。重复（针上挂线，从2个线圈中引拔出）。
- ╪ **长长针**：钩针挂2次线，插入锁针的里山，钩针再次挂线并拉出。重复（针上挂线，从2个线圈中引拔出）。
- ✶ **1针放2针短针**：在1个针目中钩2针短针。
- ✶ **1针放3针短针**：在1个针目中钩3针短针。
- **4卷长针**：钩针挂线，绕4圈线后插入1针，针上挂线并拉出。重复2次（针上挂线，从2个线圈中引拔出）。注意：在这里，将钩针钩在前面一圈的小圈上。
- **长长针的正拉针（3卷长针的正拉针）**：钩针挂线，绕3圈线后从前面将钩针入前一行长针的根部，全部挑起。针上挂线，从2个线圈中拉出。重复（针上线，从2个线圈中引拔出）。
- **4针长针的枣形针**：钩4针未完成的长针，一次性从钩针上的5个线圈中引拔出。
- **3针锁针的狗牙针**：在同一针目上钩1针短针，3针锁针，1针短针。

- ■ 白色
- ■ 乳白色
- ■ 黄色
- ■ 杏黄色
- ■ 橘色
- ■ 红色
- ■ 粉色
- ■ 紫红色
- ■ 深紫色
- ■ 淡蓝色
- ■ 绿松石色
- ■ 蓝色
- ■ 深蓝色
- ■ 绿色

编织方法

用白色线，环形起针。

第1圈：立织3针锁针，15针长针，编织终点与立织的锁针引拔，剪线。

第2圈（乳白色线）：立织3针锁针（=第1针长针）和1针长针。重复15次（在上一圈每一针长针上钩2针长针），编织终点与立织的锁针针引拔，剪线。

第3圈（黄色线）：立织3针锁针，1针放2针长针，重复16次（在上一圈的长针上钩1针长针、1针放2针长针），编织终点与立织的锁针第3针引拔，剪线。

第4~6圈：根据同样的规律在每圈增加6针长针，共有96针，用杏黄色线钩一圈、橘色线钩一圈、红色线钩一圈（注意：每次都剪线）。

第7圈（粉色线）：钩96针短针，编织终点钩引拔针，剪线。

第8圈（紫红色线）：重复4次（23针短针、1针放2针短针），编织终点钩引拔针，共有100针，不剪线。

第9圈（紫红色线）：重复10次（7针短针，12针锁针，越过3针短针），编织终点钩引拔针，剪线。

第10圈（深紫色线）：重复10次{在上一圈的短针上钩3针短针，在上一圈的锁针链上钩（8针长针、1针锁针、8针长针）}，编织终点钩引拔针，剪线。

第11圈（淡蓝色线）：重复10次（在上一圈的1针锁针上钩1针短针，10针锁针，上一圈的1针短针上钩1针短针，10针锁针），编织终点钩引拔针，不剪线。

第12圈（淡蓝色线）：重复10次{重复2次（在1针短针上钩2针长长针），在锁针链上钩11针长针、2针锁针、在锁针链上钩11针长针}，编织终点与立织的锁针引拔，剪线。

第13圈（绿松石色线）：重复10次{在上一圈的2针锁针上钩（2针长长针、2针锁针、2针长长针），11针长针，越过4针长针，11针长针}，编织终点钩引拔针，剪线。

第14圈（蓝色线）：重复10次{在上一圈的2针锁针上钩（2针长长针、2针锁针、2针长长针），11针长针，越过4针长针，11针长针}，编织终点钩引拔针，剪线。

第15圈（深蓝色线）：重复10次{在上一圈的2针锁针上钩（2针长长针、2针锁针、2针长长针），11针长针，越过4针长针，11针长针}，编织终点钩引拔针，剪线。

装饰花片A：第16行（白色线）：在两个长针组之间，第3针长针上钩1针引拔针，5针长针，越过2针长针，1针引拔针，翻转织片，不剪线。

第17行（白色线）：立织3针锁针，如图所示在上一行的长针上钩1针引拔针，在上一行的长针上钩1针长针，重复4次（在之后的长针上钩2针长针），越过1针长针；钩1针引拔针，剪线。

注意：在整个作品周围钩10次花片A，每一个花片是在镂空的地方即2个长针组之间。

第18~23圈：如图所示继续钩织。然后在整个作品周围钩10次花片B（第24~26圈）。

第27~32圈：如图所示继续钩织，剪线。

将线收紧，藏好线头。

西洛可风

设计：克里斯戴尔·萨尔加罗罗

材料和工具

* Lana Grossa线，Cool Wool线（100%纯羊毛；50g/160m），线的颜色：浅绿色（588）、黄色（419）、淡黄色（2002）、嫩绿色（540）、橘色（418）、粉色（594）、淡绿色（509）、红色（417）、深绿色（471）、覆盆子色（2007）、深红色（514）、翠绿色（53）、洒红色（2026）
* 使用3mm或3.5mm的钩针

基本针法

锁针、引拔针、短针、中长针、长针、长长针、2针长针的枣形针、2针长长针的枣形针、4针长针的枣形针：看编织图解

编织方法

诀窍：为了不将线都剪断，将线慢慢地嵌进去。

这个作品需要分为几个步骤来完成。

用浅绿色线，环形起针。

第1圈（浅绿色线）：1针锁针，12针短针，编织终点钩引拔针，不剪线。

第2圈（浅绿色线）：立织5针锁针（=第1针长针+2针锁针），重复11次（1针长针，2针锁针），编织终点与立织的第3针锁针引拔，剪线。

第3圈（黄色线）：重复12次{在上一圈的锁针上钩1针短针，5针锁针（锁针链的底部），3针锁针（上弯处），在锁针链底部的5针锁针上钩5针

图解说明

◀ 剪线
◯ 环形起针
- **锁针**：钩针挂线，将线从线圈中拉出。
- **引拔针**：钩针插入前一行针目头部的两根线中，钩针挂线并引拔出。
× **短针**：钩针插入锁针的里山，针上挂线并拉出。再次挂线，从钩针上的2个线圈中引拔出。
T **中长针**：钩针挂线，插入锁针的里山，钩针挂线并拉出。再次挂线，从钩针上的3个线圈中引拔出。
长针：钩针挂线，插入锁针的里山，钩针再次挂线并拉出。重复（针上挂线，从2个线圈中引拔出）。
长长针：钩针挂2次线，插入锁针的里山，钩针再次挂线并拉出。重复（针上挂线，从2个线圈中引拔出）。
2针长针的枣形针：钩2针未完成的长针，钩针挂线，从针上的3个线圈一次引拔出。
2针长长针的枣形针：钩2针未完成的长长针，钩针挂线，从针上的3个线圈一次引拔出。
4针长长针的枣形针：钩4针未完成的长长针，钩针挂线，一次性从钩针上的5个线圈中引拔出。
↓ 钩在前面指定的一针上。

- ■ 浅绿色
- ■ 红色
- ■ 黄色
- ■ 深绿色
- ■ 淡黄色
- ■ 覆盆子色
- ■ 嫩绿色
- ■ 冰红色
- ■ 橘色
- ■ 翠绿色
- ■ 粉色
- ■ 酒红色
- ■ 淡绿色

长针）}，编织终点钩引拔针，剪线。

第4圈（淡黄色线）：重复12次（在上一圈的锁针上钩1针短针，再钩5针锁针），编织终点钩引拔针，剪线。

第5圈（淡黄色线）：重复12次（在上一圈的1短针上立织3针锁针=1针长针，在上一圈5针锁针上钩5针长针）。编织终点与立织的锁针引拔，剪线。

第6圈（嫩绿色线）：重复24次{在同一长针上钩（1针长针、2针锁针、1针长针），越过2针长针}，编织终点钩引拔针，剪线。

第7圈（橘色线）：重复12次{在上一圈锁针上钩2针短针，在2针长针之间钩（1针引拔针，3针锁针，2针长针的枣形针，3针锁针，1针引拔针，4针锁针，2针长针的枣形针，4针锁针，1针引拔针，3针锁针，2针长针的枣形针，3针锁针，1针引拔针），在上一圈锁针上钩2针短针，1针锁针}，编织终点钩引拔针，剪线。

第8圈（粉色线）：重复12次（在2针长长针的枣形针上钩1针短针，3针锁针，在2针长长针的枣形针上钩1针短针，3针锁针，在2针短针之间的锁针上钩1针短针），编织终点钩引拔针，不剪线。

第9圈（粉色线）：立织1针锁针，重复12次（在短针上钩1针短针，5针锁针，越过2针锁针链，在下一针短针上钩4针长针的枣形针、5针锁针，越过2针锁针链），编织终点钩引拔针，剪线。

第10圈（淡绿色线）：重复12次（在短针上钩1针短针，在之后的第3针锁针上钩5针长针，在4针长针的枣形针上钩1针短针，在之后的第3针锁针上钩5针长针），编织终点钩引拔针，剪线。

第11圈（浅绿色线）：重复24次{在第3针长针上钩1针短针，在之后的短针上钩（2针长针，3针锁针，2针长针）}，编织终点钩引拔针，剪线。

第12圈（红色线）：重复24次{在短针上钩1针短针，长针上钩2针短针，在之后锁针链上钩（4针锁针、1针长长针、4针锁针、1针引拔针、4针锁针、1针长长针、4针锁针），2短针}，编织终点钩引拔针，剪线。

→ 下转22页

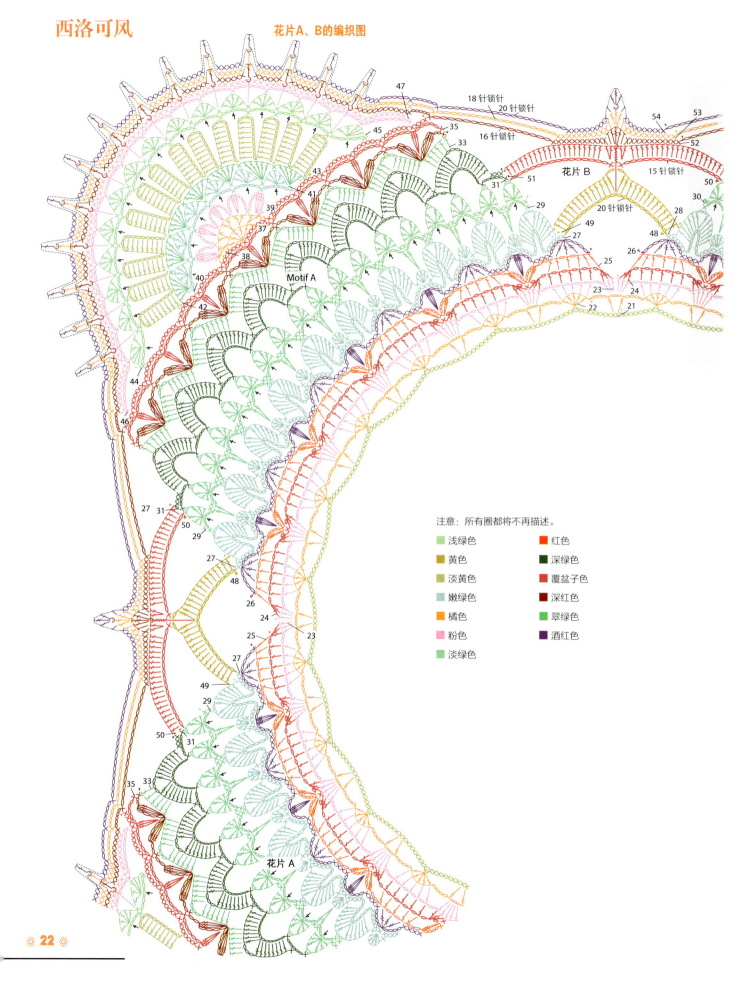

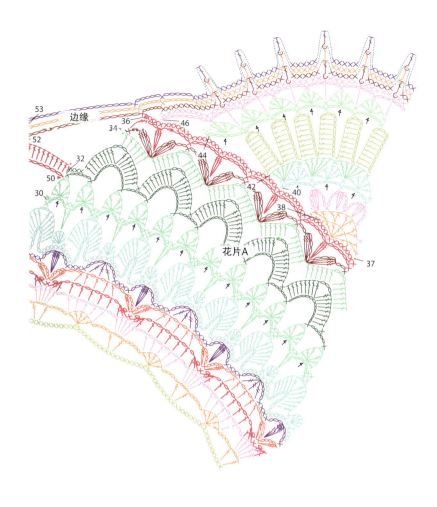

第13~22圈：参照图示，继续钩织，剪线。

以下为往返钩织，如下：

花片A：第23行（粉色线）：如图从上一圈的2针长长针之间的3针锁针链上钩3针长针，2针锁针，重复5次{在上一圈的长针上钩1针长针，重复4次（1针锁针，在上一圈的长针上钩1针长针），2针锁针，在之后的3针锁针链上钩5针长针}，2针锁针，在上一圈的长针上钩1针长针，重复4次（1针锁针，上一圈的长针上钩1针长针），2针锁针，存之后的3针锁针链上钩3针长针，翻转钩织。

第24~47行：根据图示继续来回钩织。注意，在钩第47行时，在第45行的短针上钩长长针，在作品完成之前，不要在之前一行的锁针链上钩，剪线。

在每个角上钩一个花片A。

然后将花片A聚集起来如下：

花片B：第48行（黄色线）：在之前的花片A的第27行的短针上加线，在黄色箭头处钩1针引拔针，20针锁针，在之后的花片A的适合的短针上钩1针引拔针。翻转钩针。

第49~51行：继续根据图示来回钩织，剪线。

在每个花片A之间钩4个花片B。随后将3行的边缘重合完成这个作品（第52~54行），如图所示，剪线。

图解说明

- ◂ 剪线
- ◁ 加线
- **3卷长针**：钩针挂线，绕3圈线后插入1针，针上挂线，重复（针上挂线，从2个线圈中引拔出）。
- **4卷长针**：钩针挂线，绕4圈线后插入1针，针上挂线并拉出。重复2次（针上挂线，从2个线圈中引拔出）。
- **4针长针的枣形针**：钩4针未完成的长针，钩针挂线，一次性从钩针上的5个线圈中引拔出。
- **6针长长针并1针**：钩6针未完成的长长针，钩针挂线，一次性从钩针上的7个线圈中引拔出。
- **3针长针并1针**：钩3针未完成的长针，一次性从针上的4个线圈中引拔出。
- **4针长长针的枣形针**：钩4针未完成的长长针，钩针挂线，一次性从钩针上的5个线圈中引拔出。
- **3针长长针的枣形针**：钩3针未完成的长长针，钩针挂线，一次性从钩针上的4个线圈中引拔出。
- **长针的正拉针（长长针的正拉针）**：钩针挂线，从织片前面将钩针插入前一行长针的根部，全部挑起，钩针挂线并拉长。再次挂线，从钩针上的2个线圈中引拔出。

法鲁风

设计：克里斯戴尔·萨尔加罗罗

材料和工具

✱ SCHACHENMAYR线，Baby Smile棉线（100%棉线；25g/92m），线的颜色：白色(1001)、黄色（1022）、橘色（1025）、红色（1030）、粉色（1036）、淡蓝色（1066）、蓝色（1069）、深蓝色（1053）
✱ Lana Grossa线、Cool Wool线（100%纯羊毛，50g/160m）绿色（588）
✱ 使用3mm的钩针
✱ 一个直径为20cm的金属环（版本A）

基本针法

锁针、引拔针、短针、中长针、长针、长长针、3卷长针、1针放3针短针、长针的正拉针：看编织图解

编织方法

版本A（配合使用金属圈）

用白色线，环形起针。

第1圈（白色线）：立织3针锁针，11针长针，编织终点与立织的锁针钩引拔针，不剪线。
第2圈（白色线）：立织5锁针（=第1针长针和2针锁针），重复11次（1针长针、2针锁针），编织终点与立织的第3针锁针引拔，剪线。
第3圈（黄色线）：重复6次（在长针上钩1针短针、锁针上钩2针短针、6针锁针、锁针上钩2针短针），编织终点钩引拔针，不剪线。
第4圈（黄色线）：重复6次{在上一圈短针的第3针上钩1针引拔针，在锁针链上钩（5针长针，2针锁针，5针长针）}，剪线。

图解说明

◀ 剪线

◯ 环形起针

◦ **锁针**：钩针挂线，将线从线圈中拉出。

- **引拔针**：钩针插入前一行针目头部的两根线中，钩针挂线并引拔出。

× **短针**：钩针插入锁针的里山，针上挂线并拉出。再次挂线，从钩针上的2个线圈中引拔出。

T **中长针**：钩针挂线，插入锁针的里山，钩针挂线并拉出。再次挂线，从钩针上的3个线圈中引拔出。

长针：钩针挂线，插入锁针的里山，钩针再次挂线并拉出。重复（针上挂线，从2个线圈中引拔出）。

长长针：钩针挂2次线，插入锁针的里山，钩针再次挂线并拉出。重复（针上挂线，从2个线圈中引拔出）。

3卷长针：钩针挂线，绕3圈线后插入1针，针上挂线，重复（针上挂线，从2个线圈中引拔出）。

狗牙针：在同一针上钩（1针短针、6针锁针、1针短针）。

1针放3针短针：在1针上钩3针短针。

长针的正拉针：钩针挂线，从织片前面将钩针插入前一行长针的根部，全部挑起。针上挂线，从2个线圈中引拔出。重复（针上挂线，从2个线圈中引拔出）。

第5圈（蓝色线）：重复6次（在上一圈锁针上钩2针短针、5针锁针，在引拔针上钩1针3卷长针、5针锁针），编织终点钩引拔针，不剪线。

第6圈（蓝色线）：立织1针锁针，重复12次（在上一圈短针上钩2针短针、在锁针上钩5针短针、在3卷长针上钩1针短针），编织终点钩引拔针（共96针），剪线。

第7圈（橘色线）：重复6次{在3卷长针上钩1针长针的正拉针、3针短针、6针锁针、6针短针，在同一针上钩（1针短针、6针锁针、1针短针）、2针短针}，编织终点钩引拔针，不剪线。

第8圈（橘色线）：立织1针锁针，重复6次{2针短针，在锁针链上钩（4针长针、1针长长针、3针锁针、1针长长针、4针长针），越过2针短针，钩2针引拔针，在锁针链上钩（4针长针、1针长长针、3针锁针、1针长长针、4针长针），越过2针短针，在之后的短针上钩1针短针}，编织终点钩引拔针，剪线。

第9圈（绿色线）：重复6次{在锁针链上钩（1针中长针、1针长针、1针长长针、1针长针、1针中长针），3针短针、3针锁针，越过（2针长针、引拔针、2针长针），钩3针短针，在锁针链上钩（1针中长针、1针长针、1针长长针、1针长针、1针中长针），3针短针，钩（2针长针、3针短针、2针长针），3针短针}，编织终点钩引拔针，不剪线。

第10圈（绿色线）：重复12次（在长针上钩1针短针、在长长针上钩1针放3针短针、在长针上钩1针短针、4针短针、在锁针链上钩3针短针、4针短针），编织终点钩引拔针，剪线。

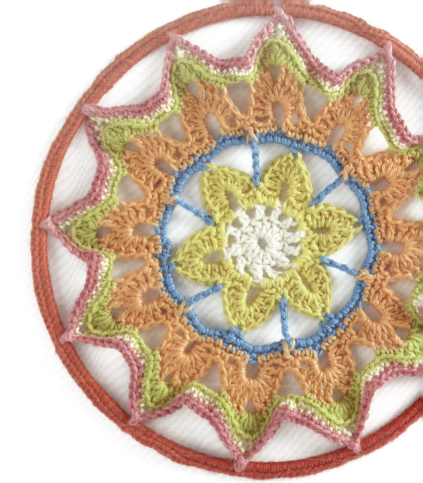

版本 A

版本 B

第11圈（粉色线）：重复12次{在1针放3针短针上钩（1针短针、将钩针穿过金属圈、绕1针，将钩针穿回金属圈、越过1针、1针短针），13针短针}，编织终点钩引拔针，剪线。

第12圈（红色线）：在上一圈的每个引拔针之间，在金属圈上钩20针短针。编织终点钩引拔针，剪线。

将线收紧，藏好线头。

版本 B（不使用金属圈）
钩版本A的前10圈，使用以下的颜色的线：2圈淡蓝色、2圈粉色、2圈红色、2圈橘色、1圈深蓝色、1圈蓝色。

将线收紧，藏好线头。

娇兰风

设计：克里斯戴尔·萨尔加罗罗

材料和工具
✱ SCHACHENMAYR线，Baby Smile棉线 (100%棉线；25g/92m)，线的颜色：白色(1001)、乳白色（1021）、杏黄色（1024）、橘色（1025）、红色（1030）、粉色（1036）、紫红色（1037）、深紫色（1049）、蓝色（1069）
✱ 使用3mm的钩针

基本针法
锁针、引拔针、短针、中长针、长针、长长针、并针组：看编织图解

图解说明
◂ 剪线
◃ 加线
◯ 环形起针
– **锁针**：钩针挂线，将线从线圈中拉出。
- **引拔针**：钩针插入前一行针目头部的两根线中，钩针挂线并引拔出。
× **短针**：钩针插入锁针的里山，针上挂线并拉出。再次挂线，从钩针上的2个线圈中引拔出。
T **中长针**：钩针挂线，插入锁针的里山，钩针挂线并拉出。再次挂线，从钩针上的3个线圈中引拔出。
↑ **长针**：钩针挂线，插入锁针的里山，钩针再次挂线并拉出。重复（针上挂线，从2个线圈中引拔出）。
↑ **长长针**：钩针挂2次线，插入锁针的里山，钩针再次挂线并拉出。重复（针上挂线，从2个线圈中引拔出）。
♦ **3针长针的枣形针**：钩3针未完成的长针（钩针上留下最后的线圈），钩针挂线一次性从4个线圈中引拔出。
♦ **2针长长针的枣形针**：钩2针未完成的长长针，钩针挂线，从针上的3个线圈中一次性引拔出。

编织方法

用橘色线,环形起针。

第1圈(橘色线):立织3针锁针,23针长针,编织终点钩引拔针,剪线。

第2圈(粉色线):加线,立织6针锁针,重复23次(1针长长针、2针锁针),编织终点与立织的第4针锁针钩引拔针,剪线。

第3圈(深紫色线):重复24次(在锁针上钩2针短针、在长长针上钩1针短针),编织终点钩引拔针(共72针),剪线。

第4圈(白色线):重复24次(1针短针、2针锁针、越过2针短针),编织终点钩引拔针,剪线。

第5圈(乳白色线):重复24次(在1针短针上钩2针长长针的枣形针、3针锁针),编织终点钩引拔针,剪线。

第6圈(蓝色线):在每个锁针链上钩5针短针,编织终点钩引拔针,剪线。

第7圈(紫红色线):重复8次(在一组短针第3针上钩3针长针的枣形针、6针锁针,在下一组短针第3针上钩1针短针、6针锁针),编织终点钩引拔针,剪线。

第8圈(红色线):重复8次[6针锁针链上钩1针短针,在下一个6针锁针链上钩11针长针,(在上一圈3针长针的枣形针上钩1针长长针、4针锁针、1针长长针),在下一个6针锁针链上钩11针长针},编织终点钩引拔针,剪线。

第9圈(杏黄色线):重复8次{在上一圈的短针上钩6针长针、7针锁针,在下一个锁针链上钩(1针短针、1针中长针、1针长针、1针长针、3针锁针、1针长长针、1针长针、1针中长针、1针短针)、7针锁针},编织终点钩引拔针,剪线。

将线收紧,藏好线头。

布拉风

设计：克里斯戴尔·萨尔加罗罗

材料和工具

* Lana线，Aurifil棉线 (50 %羊毛，50%腈纶；50g的线圈)，线的颜色：琥珀色(8140)、金色（8920）、太平洋蓝色（8805）、淡蓝色（8823）、淡绿色（8956）、浅黄褐色（8860）、粉色（8401）、玫瑰红色（8433）、深紫红色（8530）和珊瑚红色（8333）
* 使用2mm的钩针
* 直径7cm 8个环（制作项链）
* 直径8cm 2个环，系扣的方式为耳环

基本针法

锁针、引拔针、短针、中长针、长针、长长针、4卷长针的反拉针：看编织图解

编织方法

注意：钩这个作品时用两根线并为1股。

每一圈，需要的颜色如下：
第1圈：琥珀色线和金色线
第2圈：太平洋蓝色线和淡蓝色线
第3圈：淡绿色线和浅黄褐色线
第4圈：粉色线和珊瑚红色线
第5圈：深紫红色线和玫瑰红色线

项链

花片花样

将琥珀色线和金色线并为1股，环形起针。
第1圈：立织1针锁针，8针短针，编织终点钩引拔针，剪线。
第2圈：加线，在短针上立织4针锁针，1针长针，重复7次{在短针上钩（1针长针、1针锁针、1针长针），1针锁针}，编织终点与立织的第3针锁针引拔，剪线。
第3圈：重复8次（3针短针，8针锁针），编织终点钩引拔针，剪线。
第4圈：重复8次（在锁针链上钩6针短针，2针锁针），编织终点钩引拔针，剪线。
第5圈：重复8次{在锁针链上钩（1针中长针、1针长针），在上一圈短针上钩1针4卷长针的反拉针（如图所示），在金属环上钩1针引拔针，在锁针链上钩（1针长针、1针中长针），6针短针}，编织终点钩引拔针，剪线。

钩8个同样的装饰花片（各使用一个金属环）

最后

收紧线。
将深紫红色线和玫瑰红色线缠在一起，将这些花片连接在一起。
随后每种颜色的线各取1根，将绳子穿入两侧花片的环中对折，编成两条长度适当的辫子，然后两根绳端打结闭合项链。

→ 转30页

花片编织图解

图解说明

◀ 剪线
△ 加线
○ 环形起针

- **锁针**：钩针挂线，将线从线圈中拉出。
- **引拔针**：钩针插入前一行针目头部的两根线中，钩针挂线并引拔出。
× **短针**：钩针插入锁针的里山，针上挂线并拉出。再次挂线，从钩针上的2个线圈中引拔出。
T **中长针**：钩针挂线，插入锁针的里山，钩针挂线并拉出。再次挂线，从钩针上的3个线圈中引拔出。
长针：钩针挂线，插入锁针的里山，钩针再次挂线并拉出。重复（针上挂线，从2个线圈中引拔出）。
长长针：钩针挂2次线，插入锁针的里山，钩针再次挂线并拉出。重复（针上挂线，从2个线圈中引拔出）。
4卷长针的反拉针：钩针上绕4圈线，将钩针从织片后面插入前一行长针的根部，全部挑起，针上挂线并拉出。重复2次（针上挂线，从2个线圈中引拔出）。

- 琥珀色和金色
- 太平洋蓝色和淡蓝色
- 淡绿色和浅黄褐色
- 粉色和珊瑚红色
- 深紫红色和玫瑰红色

项链花片布局

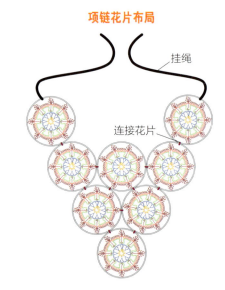

挂绳
连接花片

布拉风

耳环

琥珀色线和金色线两根并1股，环形起针。

第1圈：立织1针锁针，8针短针，编织终点钩引拔针，剪线。
第2圈：加线，在短针上立织4针锁针，重复7次{在短针上钩（1针长针、1针锁针、1针长针）、1针锁针}编织终点钩引拔针，剪线。
第3圈：重复8次（3针短针、8针锁针），编织终点钩引拔针，剪线。
第4圈：在每个锁针链上钩（3针长针、1针长长针、2针锁针、1针长长针、3针长针），编织终点钩引拔针，剪线。
第5圈：重复8次（在锁针上钩1针短针，在金属圈上钩引拔针，在锁针上钩1针短针，8针短针），编织终点钩引拔针，剪线。
钩2个同样的耳环花片（各使用一个金属环）。

耳环编织图解

图解说明

- ◀ 剪线
- ◁ 加线
- ○ 环形起针
- ○ **锁针**：钩针挂线，将线从线圈中拉出。
- − **引拔针**：钩针插入前一行针目头部的两根线中，钩针挂线并引拔出。
- × **短针**：钩针插入锁针的里山，针上挂线并拉出。再次挂线，从钩针上的2个线圈中引拔出。
- ⊤ **长针**：钩针挂线，插入锁针的里山，钩针再次挂线并拉出。重复（针上挂线，从2个线圈中引拔出）。
- ⊤ **长长针**：钩针挂2次线，插入锁针的里山，钩针再次挂线并拉出。重复（针上挂线，从2个线圈中引拔出）。

- ■ 琥珀色和金色
- ■ 太平洋蓝色和淡蓝色
- ■ 淡绿色和浅黄褐色
- ■ 粉色和珊瑚红色
- ■ 深紫红色和玫瑰红色

赫高风

设计：卡米耶

材料和工具
* 线的颜色：白色、驼色、杏黄色、浅灰色、绿色、黄色
* 使用和线粗细配套的钩针

基本针法
锁针、引拔针、短针、长针、长长针、并针：看编织图解

编织方法
用白色线，环形起针。
第1圈（白色线）：立织1针锁针，16针短针，编织终点钩引拔针，剪线。
第2圈（驼色线）：重复8次（在锁针上钩3针长长针的枣形针，5针锁针），编织终点与3针长长针的枣形针钩引拔针，剪线。
第3圈（杏黄色线）：在锁针上钩（3针长长针并1针，5针锁针，3针长长针并1针），编织终点与3针长长针并1针钩引拔针，不剪线。
第4~17圈：根据图解继续钩织，剪线。

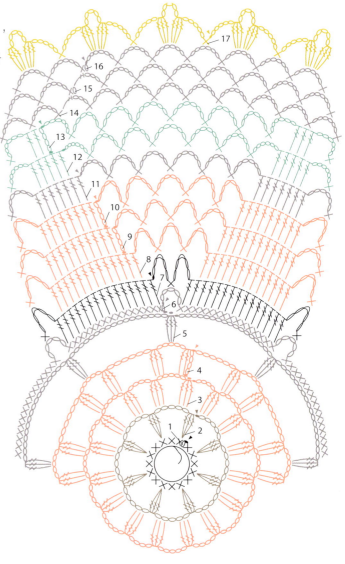

■ 白色
■ 驼色
■ 杏黄色
■ 浅灰色
■ 绿色
■ 黄色

图解说明

◂ 剪线

◯ 环形起针

○ **锁针**：钩针挂线，将线从线圈中拉出。

- **引拔针**：钩针插入前一行针目头部的两根线中，钩针挂线并引拔出。

× **短针**：钩针插入锁针的里山，针上挂线并拉出。再次挂线，从钩针上的2个线圈中引拔出。

┬ **长针**：钩针挂线，插入锁针的里山，钩针再次挂线并拉出。重复（针上挂线，从2个线圈中引拔出）。

┬ **长长针**：钩针挂2次线，插入锁针的里山，钩针再次挂线并拉出。重复（针上挂线，从2个线圈中引拔出）。

 **3针长长针的枣形针或3针长长针并1针**：钩3针未完成的长长针，一次性从钩针上的4个线圈中引拔出。

利贝奇奥风

设计：卡米耶

材料和工具
* 线的颜色：红色、本白色、石油蓝色、黄色、淡灰色、蓝色、浅蓝色
* 使用和线粗细吻合的钩针

基本针法
锁针、引拔针、短针、长针、并针组：看编织图解

编织方法
用红色线，环形起针。

第1圈（红色线）：立织1针锁针，12针短针，编织终点钩引拔针，剪线。

第2圈（本白色线）：重复12次（1针短针；3针锁针），编织终点钩引拔针，剪线。

第3圈（石油蓝色线）：重复12次（3针长针的枣形针，5针锁针），编织终点与3针长针的枣形针钩引拔针，剪线。

第4~21圈：根据图解继续钩织，剪线。

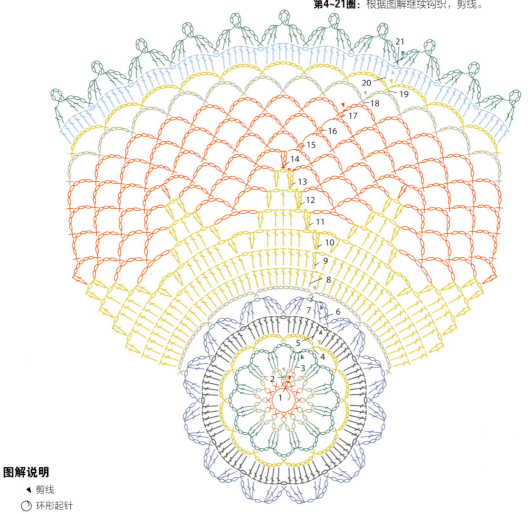

图解说明
- ◀ 剪线
- ○ 环形起针
- ○ **锁针**：钩针挂线，将线从线圈中拉出。
- − **引拔针**：钩针插入前一行针目头部的两根线中，钩针挂线并引拔出。
- × **短针**：钩针插入锁针的里山，针上挂线并拉出。再次挂线，从钩针上的2个线圈中引拔出。
- ╀ **长针**：钩针挂线，插入锁针的里山，钩针再次挂线并拉出。重复（针上挂线，从2个线圈中引拔出）。
- ⋔ **3针长针的枣形针**：钩3针未完成的长针，一次性从钩针上的4个线圈中引拔出。
- ⋔ 或 ⋀ **2针长针的枣形针或2针长针并1针**：钩2针未完成的长针，一次性从钩针上的3个线圈中引拔出。

- ■ 红色
- ■ 本白色
- ■ 石油蓝色
- ■ 黄色
- ■ 淡灰色
- ■ 蓝色
- ■ 浅蓝色

帕姆佩罗风

设计：卡米耶

材料和工具
* 线的颜色：亮黄色、淡黄色、苹果绿色、绿色、本白色、珊瑚色、霓虹橙色、淡粉色
* 使用和线粗细吻合的钩针。

基本针法
锁针、引拔针、短针、长针、2针长针并1针、2针长针并1针上的5针锁针的狗牙针：看编织图解

编织方法
用亮黄色线，钩8针锁针，引拔成环。
第1圈（亮黄色线）：立织1针锁针，16针短针，编织终点钩引拔针，剪线。
第2圈（淡黄色线）：重复8次（1针长针，2针锁针，越过1针短针），编织终点钩引拔针，剪线。
第3圈（苹果绿色线）：重复8次{在上一圈的长针上钩（1针长针、3针锁针、1针长针），3针锁针}，编织终点钩引拔针，剪线。
第4~27圈：根据图解继续钩织，剪线。

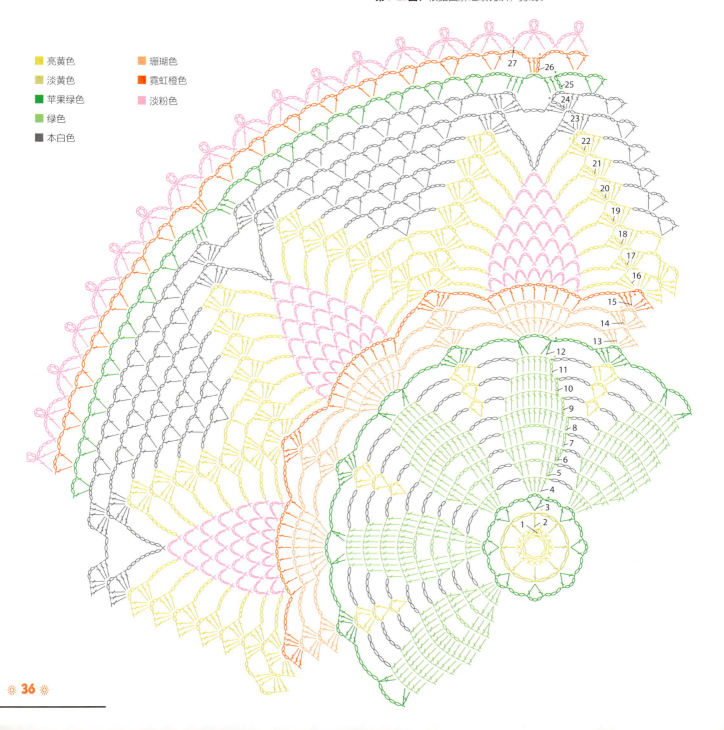

- 亮黄色
- 淡黄色
- 苹果绿色
- 绿色
- 本白色
- 珊瑚色
- 霓虹橙色
- 淡粉色

图解说明

◀ 剪线

○ 锁针：钩针挂线，将线从线圈中拉出。

- 引拔针：钩针插入前一行针目头部的两根线中，钩针挂线并拉出。

× 短针：钩针插入锁针的里山，针上挂线并拉出。再次挂线，从钩针上的2个线圈中拉出。

┬ 长针：钩针挂线，插入锁针的里山，钩针再次挂线并拉出。重复（针上挂线，从2个线圈中引拔出）。

人 2针长针并1针：钩2针未完成的长针，一次性从钩针上的3个线圈中引拔出。

⊕ 2针长针并1针上的5针锁针的狗牙针：钩2针长针并1针，在长针上钩5针锁针和1针引拔针。

阿克朗风

设计：杰西卡

材料和工具
* 线的颜色：紫红色、浅灰色、栗色、深绿色、珊瑚色
* 使用和线粗细吻合的钩针

基本针法
锁针、引拔针、短针：看编织图解

编织方法
用紫红色线，钩6针锁针，引拔成环。
第1圈（紫红色线）：立织1针锁针，12针短针，编织终点钩引拔针，剪线。
第2圈（紫红色线）：立织1针锁针，重复12次（1针短针、3针锁针），编织终点钩引拔针，剪线。
第3圈（浅灰色线）：重复12次（在锁针链上钩1针短针、3针锁针），编织终点钩引拔针，剪线。
第4~19圈：根据图解继续钩织，剪线。

图解说明

◀ 剪线

○ **锁针**：钩针挂线，将线从线圈中拉出。

− **引拔针**：钩针插入前一行针目头部的两根线中，钩针挂线并引拔出。

× **短针**：钩针插入锁针的里山，针上挂线并拉出。再次挂线，从钩针上的2个线圈中引拔出。

■ 紫红色
■ 浅灰色
■ 栗色
■ 深绿色
■ 珊瑚色

哈麦坦风

设计：杰西卡

材料和工具

* 线的颜色 版本A：云纹栗色、白色、淡绿色、米色
* 线的颜色 版本B：橘色、本白色、淡粉色、深灰色、浅绿松石色、绿松石色、蓝色、石油蓝色、深灰绿色、栗色、芥末色
* 线的颜色 版本C：本白色、红色、玫瑰红色、橘色、砖红色、淡黄色、淡橘色、淡绿色、绿色、深绿色、淡蓝色、蓝色、深覆盆子色、紫色
* 使用和线粗细吻合的钩针

基本针法

锁针、引拔针、短针、长针、长长针、3卷长针、并针：看编织图解

编织方法

版本A

用云纹栗色线，环形起针。

第1圈（云纹栗色线）：立织1针锁针，重复12次（1针短针、15针锁针），编织终点钩引拔针，剪线。

第2圈（白色线）：在锁针链上钩1针短针，重复11次（7针锁针、在锁针链上钩1针短针），2针锁针，编织终点钩1针3卷长针，剪线。

第3圈（白色线）：在锁针链上钩（1针锁针、1针短针、3针锁针、1针短针）、7针锁针，重复11次｛在锁针链上钩（1针短针、3针锁针、1针短针）、7针锁针｝，编织终点钩引拔针，剪线。

第4~17圈：根据图解继续钩织，剪线。

→ 版本B和版本C的编织图在第44和45页

版本 A

版本A的颜色

- 云纹栗色
- 白色
- 淡绿色
- 米色

图解说明

- ◀ 剪线
- ◯ 环形起针
- ◦ **锁针**：钩针挂线，将线从线圈中拉出。
- **- 引拔针**：钩针插入前一行针目头部的两根线中，钩针挂线并引拔出。
- × **短针**：钩针插入锁针的里山，针上挂线并拉出。再次挂线，从钩针上的2个线圈中引拔出。
- **长针**：钩针挂线，插入锁针的里山，钩针再次挂线并拉出。重复（针上挂线，从2个线圈中引拔出）。
- **长长针**：钩针挂2次线，插入锁针的里山，钩针再次挂线并拉出。重复（针上挂线，从2个线圈中引拔出）。
- **3卷长针**：钩针挂线，绕3圈线后插入1针，针上挂线，重复（针上挂线，从2个线圈中引拔出）。
- 或 **3针长长针并1针或3针长长针的枣形针**：钩3针未完成的长长针，钩针挂线，一次性从钩针上的4个线圈中引拔出。

梵达维尔风

设计：杰西卡

图解说明

- ◀ 剪线
- ⊙ 环形起针
- ⚬ **锁针**：钩针挂线，将线从线圈中拉出。
- − **引拔针**：钩针插入前一行针目头部的两根线中，钩针挂线并引拔出。
- × **短针**：钩针插入锁针的里山，针上挂线并拉出。再次挂线，从钩针上的2个线圈中引拔出。
- ┼ **长针**：钩针挂线，插入锁针的里山，钩针再次挂线并拉出。重复（针上挂线，从2个线圈中引拔出）。
- ┼ **长长针**：钩针挂2次线，插入锁针的里山，钩针再次挂线并拉出。重复（针上挂线，从2个线圈中引拔出）。
- ⋏ 或 ⋀ **2针或3针长针并1针**：钩2针或3针未完成的长针，一次性从针上的最后3个或5个线圈中引拔出。
- ⋏ **2针长长针并1针**：钩2针未完成的长长针，一次性从针上的最后3个线圈中引拔出。
- ⋀ **4针长长针并1针**：钩3针未完成的长长针，一次性从针上的最后5个线圈中引拔出。
- ⊙ **狗牙针**：在第1针锁针上钩4针锁针和1针引拔针
- ⊛ **短针的狗牙针**：钩1针短针，在同一针上钩1针狗牙针，再钩1针短针。

版本 B 编织图

版本 B 的颜色
- ■ 粉色
- ■ 浅粉色
- ■ 古老玫瑰色
- ■ 杏黄色
- ■ 红色

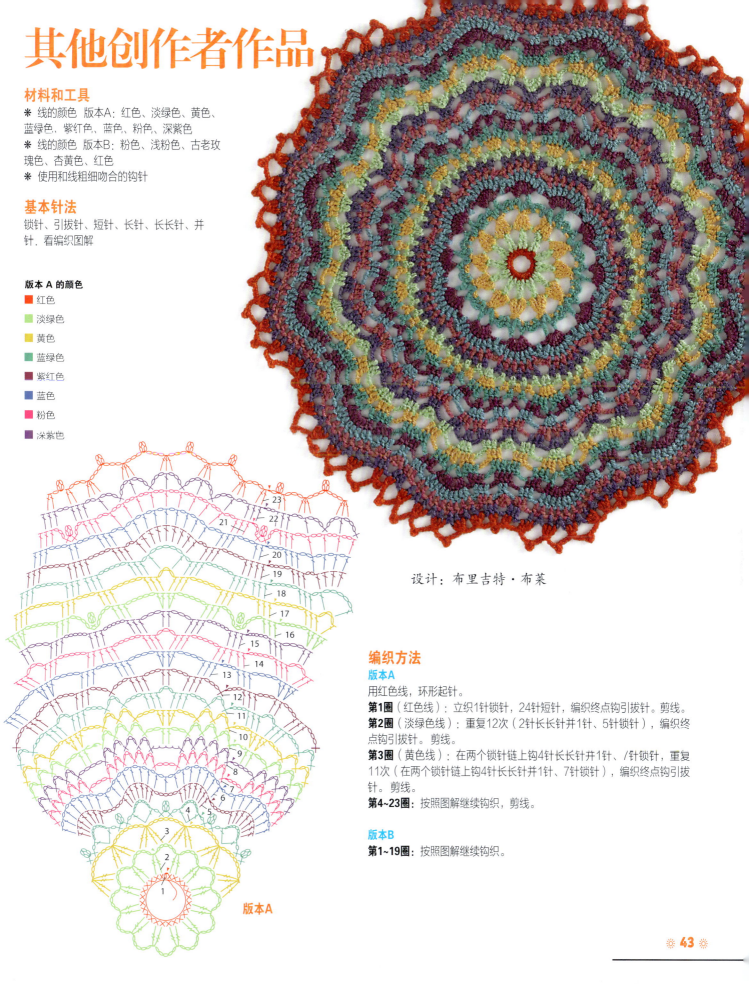

其他创作者作品

材料和工具
* 线的颜色 版本A：红色、淡绿色、黄色、蓝绿色、紫红色、蓝色、粉色、深紫色
* 线的颜色 版本B：粉色、浅粉色、古老玫瑰色、杏黄色、红色
* 使用和线粗细吻合的钩针

基本针法
锁针、引拔针、短针、长针、长长针、并针，看编织图解。

版本 A 的颜色
- 红色
- 淡绿色
- 黄色
- 蓝绿色
- 紫红色
- 蓝色
- 粉色
- 深紫色

设计：布里吉特·布莱

编织方法

版本A
用红色线，环形起针。
第1圈（红色线）：立织1针锁针，24针短针，编织终点钩引拔针。剪线。
第2圈（淡绿色线）：重复12次（2针长长针并1针、5针锁针），编织终点钩引拔针。剪线。
第3圈（黄色线）：在两个锁针链上钩4针长长针并1针、7针锁针，重复11次（在两个锁针链上钩4针长长针并1针、7针锁针），编织终点钩引拔针。剪线。
第4~23圈：按照图解继续钩织，剪线。

版本B
第1~19圈：按照图解继续钩织。

版本A

梵风

材料和工具

* 线的颜色 版本A：白色、浅粉色、粉色、深粉色、蓝色、蓝紫色、黑色、淡灰色、淡绿松石色、绿松石色、蓝绿色
* 线的颜色 版本B：红色、绿色、亮黄色、蓝色、橘色、玫瑰红色
* 使用和线粗细吻合的钩针

基本针法

锁针、引拔针、短针、长针、长长针、3针长长针的枣形针：看编织图解

编织方法

版本A

用白色线，钩8针锁针，引拔成环。

第1圈（白色线）：立织1针锁针，12针短针，编织终点钩引拔针，不剪线。

第2圈（白色线）：立织1针锁针，1针短针，重复5次（10针锁针、越过1针短针、1针短针），在立织的锁针上钩3针锁针和1针3卷长针并引拔，不剪线。

第3圈（白色线）：在同一个锁针链上钩{1针锁针、1针短针、1针3针的狗牙针、1针短针}，重复5次{12针锁针，在之后的锁针链上钩（1针短针、1针3针锁针的狗牙针、1针短针）}，5针锁针，在开始的1针上钩1针4卷长针并引拔，不剪线。

第4~27圈：按照图解继续钩织，剪线。

设计：凯瑟琳·马格斯

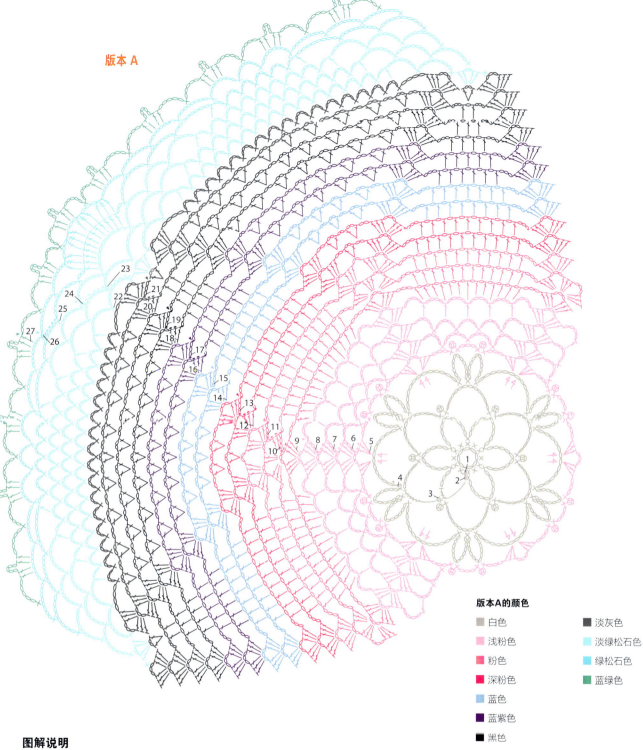

版本 A

版本A的颜色

▨ 白色	▨ 淡灰色
▨ 浅粉色	▨ 淡绿松石色
▨ 粉色	▨ 绿松石色
▨ 深粉色	▨ 蓝绿色
▨ 蓝色	
▨ 蓝紫色	
▨ 黑色	

图解说明

◂ 剪线

○ **锁针**：钩针挂线，将线从线圈中拉出。

- **引拔针**：钩针插入前一行针目头部的两根线中，钩针挂线并引拔出。

× **短针**：钩针插入锁针的里山，针上挂线并拉出。再次挂线，从钩针上的2个线圈中引拔出。

⊺ **长针**：钩针挂线，插入锁针的里山，钩针再次挂线并拉出。重复（针上挂线，从2个线圈中引拔出）。

⊺ **长长针**：钩针挂2次线，插入锁针的里山，钩针再次挂线并拉出。重复（针上挂线，从2个线圈中引拔出）。

3针长长针的枣形针：钩3针未完成的长长针，针上挂线，一次性从钩针上的4个线圈中引拔出。

⊥ 钩在前面指定的一针上。

梵风

版本B

按照图解继续钩织。剪线。
最后，如图示，用蓝色线突出菠萝花装饰图案。

设计：凯瑟琳·索帝奥

图解说明

◂ 剪线

○ **锁针**：钩针挂线，将线从线圈中拉出。

- **引拔针**：钩针插入前一行针目头部的两根线中，
  钩针挂线并引拔出。

× **短针**：钩针插入锁针的里山，针上挂线并拉出。
  再次挂线，从钩针上的2个线圈中引拔出。

╀ **长针**：钩针挂线，插入锁针的里山，钩针再次挂线并拉出。
  重复（针上挂线，从2个线圈中引拔出）。

╪ **长长针**：钩针挂2次线，插入锁针的里山，钩针再次挂线并拉出。
  重复（针上挂线，从2个线圈中引拔出）。

3针长长针的枣形针：钩3针未完成的长长针，针上挂线，
  一次性从钩针上的4个线圈中引拔出。

ᛏ 钩在前面指定的一针上。

版本B的颜色

■ 红色

■ 绿色

■ 亮黄色

■ 蓝色

■ 橘色

■ 玫瑰红色

艾利兹风

材料和工具

* 线的颜色：覆盆子色、粉色、淡粉色、白色、杏黄色、橄榄色、淡绿色、绿色、淡绿松石色、珊瑚红色
* 使用和线粗细吻合的钩针

基本针法

锁针、引拔针、短针、长针、长长针、3卷长针、2针长针交叉、3针长长针的枣形针、2针长针并1针；看编织图解

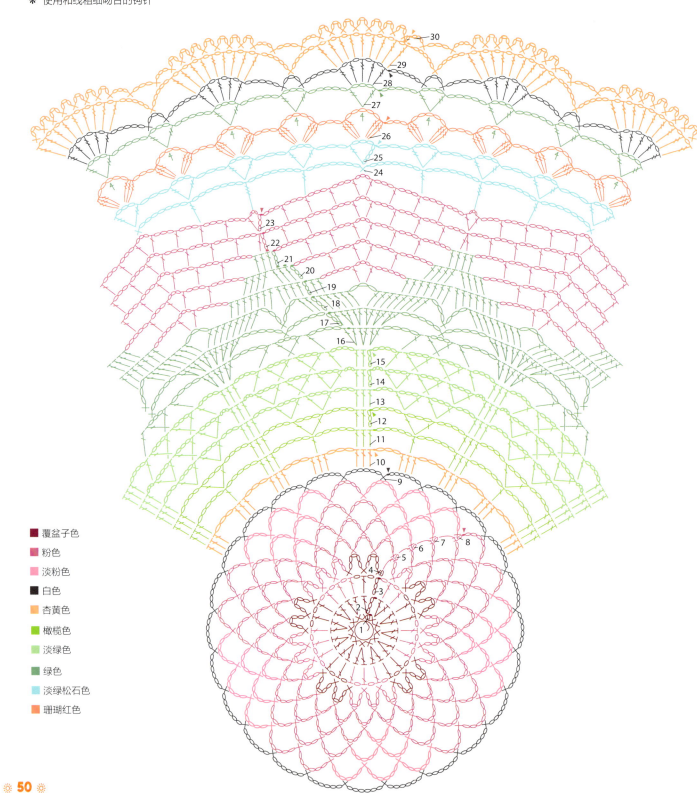

- 覆盆子色
- 粉色
- 淡粉色
- 白色
- 杏黄色
- 橄榄色
- 淡绿色
- 绿色
- 淡绿松石色
- 珊瑚红色

图解说明

- ◀ 剪线
- ◯ 环形起针
- ○ **锁针**：钩针挂线，将线从线圈中拉出。
- − **引拔针**：钩针插入前一行针目头部的两根线中，钩针挂线并引拔出。
- × **短针**：钩针插入锁针的里山，针上挂线并拉出。再次挂线，从钩针上的2个线圈中引拔出。
- **长针**：钩针挂线，插入锁针的里山，钩针再次挂线并拉出。重复（针上挂线，从2个线圈中引拔出）。
- **长长针**：钩针挂2次线，插入锁针的里山，钩针再次挂线并拉出。重复（针上挂线，从2个线圈中引拔出）。
- **3卷长针**：钩针挂线，绕3圈线后插入1针，针上挂线，重复（针上挂线，从2个线圈中引拔出）。
- **2针长针交叉**：在第2针锁针的里山钩1针长针，钩3针锁针，再在第1针锁针的里山钩1针长针。
- **3针长长针的枣形针**：钩3针未完成的长长针，针上挂线，一次性从钩针上的4个线圈中引拔出。
- **2针长针并1针**：钩2针未完成的长针，一次性从针上的最后3个线圈中引拔出。
- 钩在前面指定的一针上。

编织方法

用覆盆子色线，环形起针。

第1圈（覆盆子色线）：立织1针锁针，12针短针，编织终点钩引拔针，不剪线。

第2圈（覆盆子色线）：在上一圈短针上立织3针锁针和1针长针，重复11次（每针短针上钩2针长针），编织终点与立织的锁针钩引拔针，不剪线。

第3圈（覆盆子色线和粉色线）：用覆盆子色线钩{立织3锁针、1针锁针、1针长针、1针锁针}，重复5次{用粉色线重复3次（1针长针、1针锁针）用覆盆子色线重复2次（1针长针、1针锁针）}，再用粉色线重复2次（1针长针、1针锁针）。编织终点与立织的锁针钩引拔针，不剪线。

第4~30圈：按照图解继续钩织，剪线。

设计：艾洛蒂·格雷塞尔

索拉诺风

材料和工具
✽ 线的颜色：橘色、紫色、橄榄色、淡绿松石色
✽ 使用和线粗细吻合的钩针

基本针法
锁针、引拔针、短针、长针、长长针：看编织图解

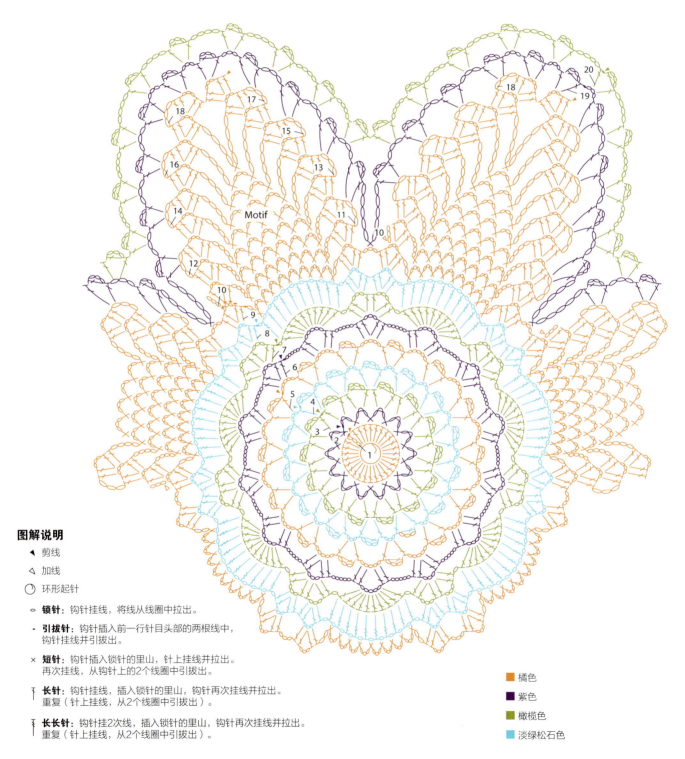

图解说明

◀ 剪线

△ 加线

◯ 环形起针

◦ **锁针**：钩针挂线，将线从线圈中拉出。

- **引拔针**：钩针插入前一行针目头部的两根线中，钩针挂线并引拔出。

× **短针**：钩针插入锁针的里山，针上挂线并拉出。
  再次挂线，从钩针上的2个线圈中引拔出。

╪ **长针**：钩针挂线，插入锁针的里山，钩针再次挂线并拉出。
  重复（针上挂线，从2个线圈中引拔出）。

╪ **长长针**：钩针挂2次线，插入锁针的里山，钩针再次挂线并拉出。
  重复（针上挂线，从2个线圈中引拔出）。

■ 橘色
■ 紫色
■ 橄榄色
■ 淡绿松石色

设计：米利艾·柯蒂

编织方法

注意：这个作品分成很多个部分钩织。

用橘色线，环形起针。

第1圈（橘色线）：立织3针锁针，27针长针。编织终点与立织的锁针钩引拔针，剪线。

第2圈（紫色线）：重复14次（1针短针、3针锁针、越过1针长针），编织终点钩引拔针，剪线。

第3圈（橄榄色线）：在每个锁针链上钩（1针长针、3针锁针、在3针锁针的第1针上钩1针长针，1针长针），编织终点钩引拔针，剪线。

第4~9圈：按照图解继续钩织，不剪线。

第10~18行（装饰图案，橘色线）：如图示往返钩织，剪线。重复钩这个装饰图案7次，剪线。

第19~20圈：如图示绕着这个作品钩，剪线。

穆索风

材料和工具
* 线的颜色 版本A：黄色、淡绿松石色、红色
* 线的颜色 版本B：咔色、深蓝色、米色、蓝色
* 使用和线粗细吻合的钩针

基本针法
锁针、引拔针、短针、长针、长长针、3卷长针、4卷长针、3针长长针的枣形针、倒Y字针：看编织图解

版本A

版本 A 的颜色
黄色
淡绿松石色
红色

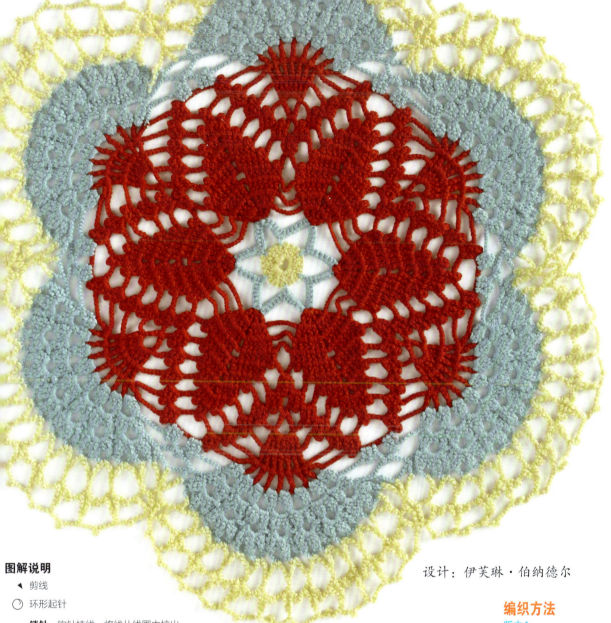

设计：伊芙琳·伯纳德尔

图解说明

◀ 剪线

○ 环形起针

- **锁针**：钩针挂线，将线从线圈中拉出。
- **引拔针**：钩针插入前一行针目头部的两根线中，钩针挂线并引拔出。
- × **短针**：钩针插入锁针的里山，针上挂线并拉出。再次挂线，从钩针上的2个线圈中引拔出。
- **长针**：钩针挂线，插入锁针的里山，钩针再次挂线并拉出。重复（针上挂线，从2个线圈中引拔出）。
- **长长针**：钩针挂2次线，插入锁针的里山，钩针再次挂线并拉出。重复（针上挂线，从2个线圈中引拔出）。
- **3卷长针**：钩针挂线，绕3圈线后插入1针，针上挂线，重复（针上挂线，从2个线圈中引拔出）。
- **4卷长针**：钩针挂线，绕4圈线后插入1针，针上挂线，重复（针上挂线，从2个线圈中引拔出）。
- **3针长长针的枣形针**：钩3针未完成的长长针，针上挂线，一次性从钩针上的4个线圈中引拔出。
- 钩在前面指定的一针上。
- **倒Y字针**：绕一针，钩2针长长针并1针，然后重复钩（绕一圈，穿过2个圈），直到一圈钩完。

编织方法

版本A
用黄色线，环形起针。

第1圈（黄色线）：立织3针锁针，23针长针。编织终点与立织的锁针钩引拔针，剪线。

第2圈（淡绿松石色线）：重复5次（1针短针、12针锁针、越过3针长针），1针短针，6针锁针，在开始的1针短针上钩1个4卷长针，个剪线。

第3圈（淡绿松石色线）：1针锁针，在锁针链上钩6针短针，重复5次{在之后的锁针链上钩（6针短针、1针锁针、6针短针）}，在一开始的锁针链上钩6针短针，1针锁针，编织终点钩引拔针，剪线。

第4~18圈：按照图解继续钩织，剪线。

版本B
按照图解钩织。剪线。

穆索风

版本B

如下图所示钩织。剪线。

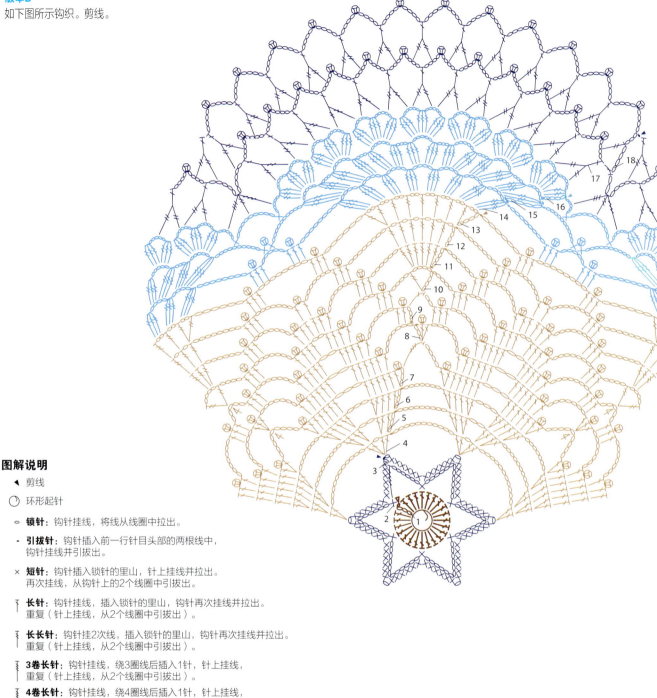

图解说明

◀ 剪线

◯ 环形起针

⊖ **锁针**：钩针挂线，将线从线圈中拉出。

- **引拔针**：钩针插入前一行针目头部的两根线中，钩针挂线并引拔出。

× **短针**：钩针插入锁针的里山，针上挂线并拉出。再次挂线，从钩针上的2个线圈中引拔出。

长针：钩针挂线，插入锁针的里山，钩针再次挂线并拉出。重复（针上挂线，从2个线圈中引拔出）。

长长针：钩针挂2次线，插入锁针的里山，钩针再次挂线并拉出。重复（针上挂线，从2个线圈中引拔出）。

3卷长针：钩针挂线，绕3圈线后插入1针，针上挂线，重复（针上挂线，从2个线圈中引拔出）。

4卷长针：钩针挂线，绕4圈线后插入1针，针上挂线，重复（针上挂线，从2个线圈中引拔出）。

3针长长针的枣形针：钩3针未完成的长长针，针上挂线，一次性从钩针上的4个线圈中引拔出。

钩在前面指定的一针上。

倒Y字针：绕一针，钩2针长长针并1针，然后重复钩（绕一圈，穿过2个圈），直到一圈钩完。

版本 B 的颜色

■ 咔色
■ 深蓝色
■ 米色
■ 蓝色

设计：克里斯托尔·芭贝特

普鲁加风

材料和工具
* 线的颜色：海军蓝色、绿松石色、石油蓝色、蓝色
* 使用和线粗细吻合的钩针

基本针法
锁针、引拔针、短针、长针、长针的狗牙针：看编织图解

■ 海军蓝色
■ 绿松石色
■ 石油蓝色
■ 蓝色

设计：艾瑞卡·弗瑞斯特

图解说明

◂ 剪线

○ **锁针**：钩针挂线，将线从线圈中拉出。

- **引拔针**：钩针插入前一行针目头部的两根线中，钩针挂线并引拔出。

× **短针**：钩针插入锁针的里山，针上挂线并拉出。再次挂线，从钩针上的2个线圈中引拔出。

长针：钩针挂线，插入锁针的里山，钩针再次挂线并拉出。重复（针上挂线，从2个线圈中引拔出）。

长针的狗牙针：钩1长针，在长针上钩3针锁针和1针短针。

编织方法

用海军蓝色线，钩12针锁针，引拔成环。

第1圈（海军蓝色线）：立织3针锁针，2针锁针，重复11次（1针长针、2针锁针），编织终点与立织的锁针钩引拔针，不剪线。

第2圈（海军蓝色线）：在立织的第3锁针上钩1针锁针和1针短针，10针锁针，在下一针长针上钩1针短针，重复5次（5针锁针，在下一针长针上钩1针短针，10针锁针，在下一针长针上钩1针短针），编织终点在短针上钩2针锁针和1针长针，不剪线。

第3圈（海军蓝色线）：立织1针锁针，重复6次{在5针锁针链上钩1针短针，在10针锁针链上钩（7针长针、3针锁针、7针长针）}，编织终点钩引拔针，剪线。

第4~18圈：按照图解继续钩织，剪线。

帝瓦诺风

材料和工具
* 线的颜色：橄榄色、橘色、红色、米色、蓝色、淡紫色、黑色、浅黄色
* 使用和线粗细吻合的钩针

基本针法
锁针、引拔针、短针、长针、长长针、3卷长针、3针长针并1针：看编织图解

编织方法
用绿色线，钩10针锁针，引拔成环。

第1圈：绿色线钩（立织3针锁针、2针长针、2针锁针），橘色线钩（3针长针、2针锁针），红色线钩（3针长针、2针锁针），蓝色线钩（3针长针、2针锁针），米色线钩（3针长针、2针锁针），淡紫色线钩（3针长针、2针锁针），编织终点与立织的锁针钩引拔针。

第2圈：淡紫色线钩（在1针长针上钩3针长针并1针、2针锁针、越过1针长针、在1针长针上钩3针长针并1针、3针锁针、越过2针锁针），用绿色线钩（在1针长针上钩3针长针并1针、2针锁针、越过1针长针、在1针长针上钩3针长针并1针、3针锁针、越过2针锁针），用橘色线钩（在1针长针上钩3针长针并1针、2针锁针、越过1针长针、在1针长针上钩3针长针并1针、3针锁针、越过2针锁针），用红色线钩（在1针长针上钩3针长针并1针、2针锁针、越过1针长针、在1针长针上钩3针长针并1针、3针锁针、越过2针锁针），用蓝色线钩（在1针长针上钩3针长针并1针、2针锁针、越过1针长针、在1针长针上钩3针长针并1针、3针锁针、越过2针锁针），用米色线钩（在1针长针上钩3针长针并1针、2针锁针、越过1针长针、在1针长针上钩3针长针并1针、3针锁针、越过2针锁针）编织终点与立织的锁针钩引拔针。

第3圈：米色线钩（3针长针并1针、2针锁针、在2针锁针上钩3针长针并1针、2针锁针、在下一针上钩3针长针并1针、3针锁针、越过3针锁针），用紫色线钩（3针长针并1针、2针锁针、在2针锁针上钩3针长针并1针、2针锁针、在下一针上钩3针长针并1针、3针锁针、越过3针锁针），用绿色线钩（3针长针并1针、2针锁针、在2针锁针上钩3针长针并1针、2针锁针、在下一针上钩3针长针并1针、3针锁针、越过3针锁针），用橘色线钩（3针长针并1针、2针锁针、在2针锁针上钩3针长针并1针、2针锁针、在下一针上钩3针长针并1针、3针锁针、越过3针锁针），用红色线钩（3针长针并1针、2针锁针、在2针锁针上钩3针长针并1针、2针锁针、在下一针上钩3针长针并1针、3针锁针、越过3针锁针），用蓝色线钩（3针长针并1针、2针锁针、在2针锁针上钩3针长针并1针、2针锁针、在下一针上钩3针长针并1针、3针锁针、越过3针锁针）。注意：所有的第1针长针都可用3针锁针代替。编织终点与立织的锁针钩引拔针。

第4~18圈：按照图解继续钩织，剪线。

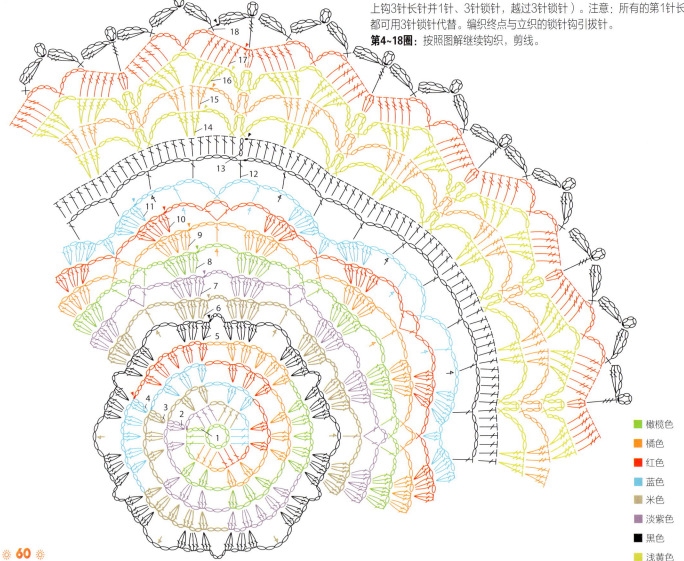

橄榄色
橘色
红色
蓝色
米色
淡紫色
黑色
浅黄色

图解说明

◀ 剪线

○ **锁针**：钩针挂线，将线从线圈中拉出。

- **引拔针**：钩针插入前一行针目头部的两根线中，钩针挂线并引拔出。

× **短针**：钩针插入锁针的里山，针上挂线并拉出。再次挂线，从钩针上的2个线圈中引拔出。

长针：钩针挂线，插入锁针的里山，钩针再次挂线并拉出。重复（针上挂线，从2个线圈中引拔出）。

长长针：钩针挂2次线，插入锁针的里山，钩针再次挂线并拉出。重复（针上挂线，从2个线圈中引拔出）。

3卷长针：钩针挂线，绕3圈线后插入1针，针上挂线，重复（针上挂线，从2个线圈引拔出）。

3针长针并1针：钩3针未完成的长针，针上挂线，一次性从钩针上的4个线圈中引拔出。

花瓣针：钩4针锁针，然后在第1针锁针上钩2针未完成的长长针，钩针挂线，一次性从钩针上的3个线圈中引拔出。

3卷长针上的狗牙针：钩1针3卷长针，在3卷长针的头部钩5针锁针和1针引拔针。

钩在前面指定的一针上。

设计：瓦莱丽·西蒙

钦诺克风

材料和工具
* 线的颜色 版本A：白色、乳白色
* 线的颜色 版本B：叶绿色、黄色、杏黄色、酒红色、深蓝色、蓝色
* 使用和线粗细吻合的钩针
* 钩版本A时还需要用到：缎带、羽毛、棉线、与颜色相匹配的羊毛

基本针法
锁针、引拔针、短针、短针的棱针、花式长针、4针花式长针的枣形针：看编织图解

编织方法
版本A
叶片

注意：所有的叶子都用乳白色线钩织。

用乳白色线，钩16针锁针。

第1行：1针锁针翻转钩针，16针短针，3针锁针过到链条的另一端，再钩13针短针返回。
第2行：2针锁针翻转钩针，越过1针短针，12针棱针，在一小圈上钩（2针短针，3针锁针，2针短针），13针短针的棱针。
第3行：2针锁针翻转钩针，越过1针短针，14针短针的棱针，在一小圈上钩（2针短针，3针锁针，2针短针），12针短针的棱针。
第4~9行：按照图解继续钩织，剪线。
在这个部分的中间，将6片叶子在最后一行上钩在一起，如图在明确的小圈上钩1针短针。
分别钩织另外6片叶子，最后连在一起。

花片

注意：第1、2、7圈的长针是花式长针（看编织图解）。所有的花片都用白色线钩。

用白色线，环形起针。

第1圈：立织3针锁针，23针花式长针，编织终点与立织的锁针钩引拔针。
第2圈：立织3针锁针，3针锁针，重复11次（越过1针长针，1针花式长针，3针锁针），编织终点与立织的锁针钩引拔针。
第3圈：1针锁针，重复12次（在长针上钩1针短针，在锁针链上钩5针锁针），编织终点钩引拔针。
第4~8圈：按照图解继续钩织。
共钩6个花片，将最后一圈钩在两片叶子中间，如红色箭头所示，钩短针做连接，剪线。
选取颜色匹配的棉线，钩一个作品直径大小的锁针圈，将作品固定在锁针圈中间。再根据图片，用羽毛、棉线和不同的缎带，将其装饰起来。

设计：穆斯娜克·马斯纳特

钦诺克风

如下图所示钩织。剪线。

版本B的颜色
- 叶绿色
- 黄色
- 蓝色
- 酒红色
- 深蓝色
- 杏黄色

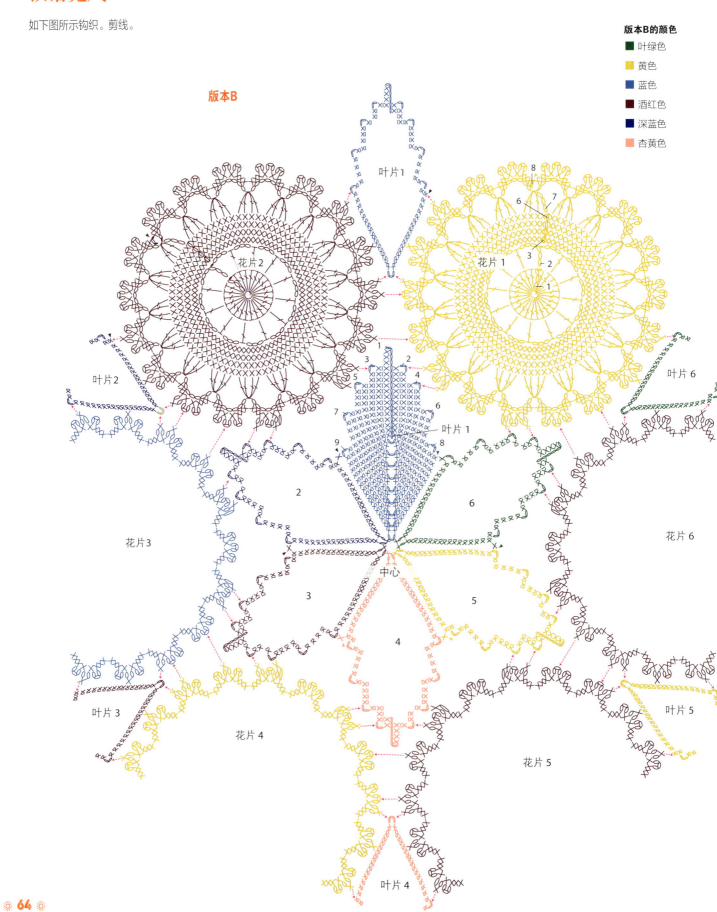

图解说明

◀ 剪线

◯ 环形起针

○ **锁针**：钩针挂线，将线从线圈中拉出。

– **引拔针**：钩针插入前一行针目头部的两根线中，钩针挂线并引拔出。

✕ **短针**：钩针插入锁针的里山，针上挂线并拉出。再次挂线，从钩针上的2个线圈中引拔出。

花式长针：针上挂线，插入锁针的里山，针上挂线，绕一圈，重复2次（针上挂线，从2个线圈中引拔出）。

4针花式长针的枣形针：钩4针未完成的花式长针，{只重复钩1次（针上挂线，从2个线圈中引拔出）}，一次性从5个线圈中引拔出。

✕ **短针的棱针**：在前一行短针的头部的后面半针中钩1针短针。

设计：克里斯汀·朗

塔蒙丹纳风

材料和工具

✳ 线的颜色：云纹橘黄色、云纹粉紫色、云纹蓝米色、云纹绿色、云纹珊瑚红色、云纹蓝紫色、云纹绿粉色

✳ 使用和线粗细吻合的钩针

制作云纹线，需要两种颜色的线混合在一起。

基本针法

锁针、引拔针、短针、长针、2针长针并1针：看编织图解

编织方法

用云纹橘黄色线，环形起针。

第1圈（云纹橘黄色线）：立织3针锁针，1针锁针，重复11次（1针长针、1针锁针），编织终点与立织的锁针钩引拔针，不剪线。

第2圈（云纹橘黄色线）：在上一圈的1针锁针上钩{立织3针锁针、1针长针}，2针锁针，重复11次（在之后的锁针上钩2针长针，2针锁针），编织终点与立织的锁针钩引拔针，剪线。

第3圈（云纹粉紫色线）：重复12次{在锁针链上钩（1针长针，2针锁针，1针长针），在同一个锁针链上和之后锁针链上钩2针长针并1针（如图所示）}，编织终点与第1针长针钩引拔针，不剪线。

第4~30圈：按照图解继续钩织，剪线。

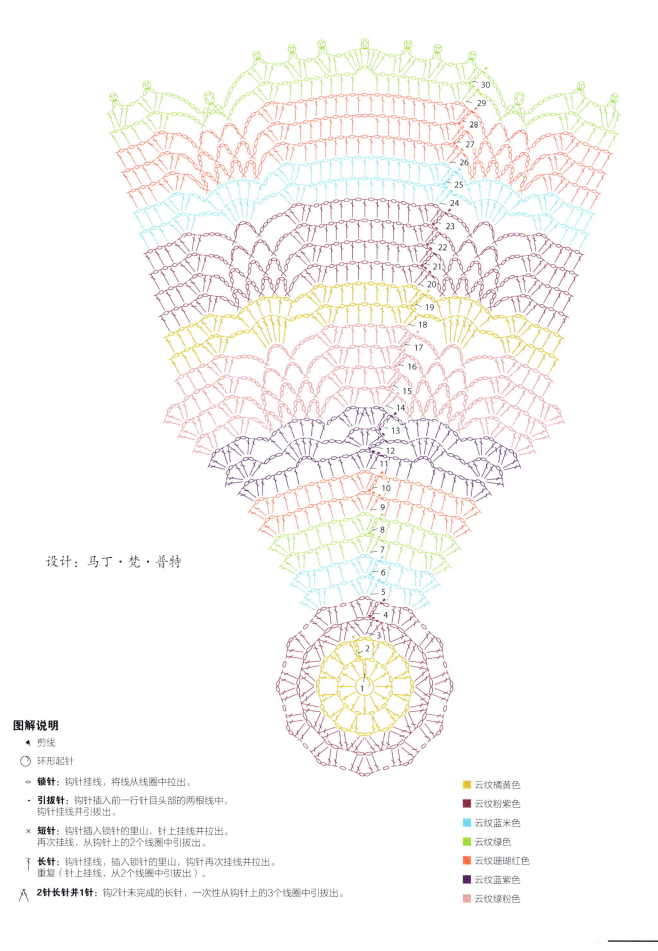

斯克隆风

材料和工具
* 线的颜色：橘色、叶绿色、黄色、渐变蓝绿色、淡绿色、皇室蓝色、红色
* 使用和线粗细吻合的钩针

基本针法
锁针、引拔针、短针、长针、长长针、短针的狗牙针：看编织图解

编织方法
用橘色线，环形起针。

第1圈（橘色线）：立织3针锁针，重复7次（3针锁针、1针长针），1针锁针，编织终点与立织的锁针钩引拔针，不剪线。

第2圈（橘色线）：1针锁针，重复8次（在1针锁针上钩1针短针、5针锁针），编织终点钩引拔针，剪线。

第3圈（叶绿色线）：在锁针链上钩3针长针，重复7次（5针锁针、在之后的锁针链上钩3针长针），编织终点钩2针锁针和1针长针，不剪线。

第4~20圈：按照图解继续钩织，剪线。

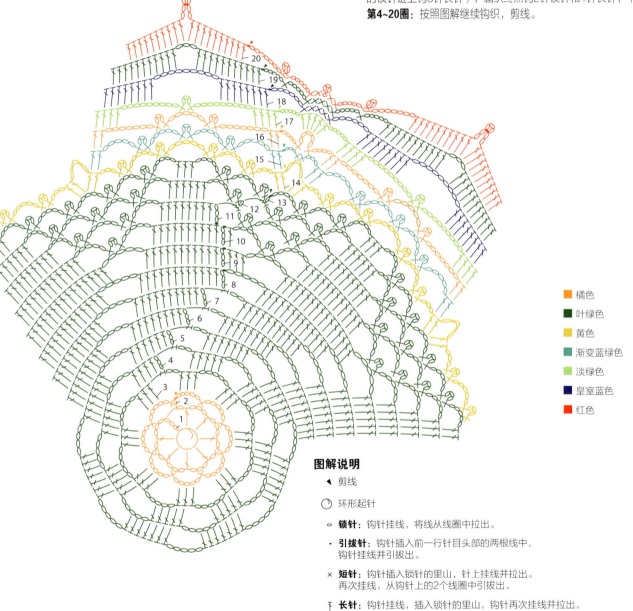

■ 橘色
■ 叶绿色
■ 黄色
■ 渐变蓝绿色
■ 淡绿色
■ 皇室蓝色
■ 红色

图解说明

◀ 剪线

○ 环形起针

∘ **锁针**：钩针挂线，将线从线圈中拉出。

- **引拔针**：钩针插入前一行针目头部的两根线中，钩针挂线并引拔出。

× **短针**：钩针插入锁针的里山，针上挂线并拉出。再次挂线，从钩针上的2个线圈中引拔出。

┬ **长针**：钩针挂线，插入锁针的里山，钩针再次挂线并拉出。重复（针上挂线，从2个线圈中引拔出）。

╪ **长长针**：钩针挂2次线，插入锁针的里山，钩针再次挂线并拉出。重复（针上挂线，从2个线圈中引拔出）。

⊕ **短针的狗牙针**：钩1针短针，在同一针上钩1针狗牙针，再钩1针短针。

设计：约郎德·法奥

密史脱拉风

材料和工具
* 线的颜色：灰色、橄榄色、红色、淡绿松石色、浅绿色、酒红色
* 使用和线粗细吻合的钩针

基本针法
锁针、引拔针、短针、长针、长长针、并针组：看编织图解

- ■ 灰色
- ■ 橄榄色
- ■ 红色
- ■ 淡绿松石色
- ■ 浅绿色
- ■ 酒红色

编织方法
用灰色线，环形起针。

第1圈（灰色线）：立织3针锁针，15针长针，编织终点与立织的锁针钩引拔针，不剪线。

第2圈（灰色线）：重复16次{在长针上钩2针长长针的枣形针（注意：第1针长长针可以用立织的4针锁针代替）、3针锁针}，编织终点与立织的锁针钩引拔针，剪线。

第3圈（橄榄色线）：在每个锁针链上钩（1针短针、4针锁针），编织终点钩引拔针，剪线。

第4~10圈：按照编织图解钩织，不剪线。

花片A，第11~20行（淡绿松石色线）：按照图解往返钩织，剪线。重复钩8个花片（在1小圈上钩2个），剪线。

花片B，第21~28行（酒红色线）：在1个锁针链上加线，按照图解往返钩织。重复钩8个花片，（在花片A之间的锁针链上钩），剪线。

花片C，第29~30行（浅绿色线）：以1个引拔针加线，如图所示在花片A和B之间蜿蜒地钩。重复钩8个花片C，剪线。

图解说明

- ◀ 剪线
- ◁ 加线
- ⊙ 环形起针
- ○ **锁针**：钩针挂线，将线从线圈中拉出。
- **- 引拔针**：钩针插入前一行针目头部的两根线中，钩针挂线并引拔出。
- × **短针**：钩针插入锁针的里山，针上挂线并拉出。再次挂线，从钩针上的2个线圈中引拔出。
- **长针**：钩针挂线，插入锁针的里山，钩针再次挂线并拉出。重复（针上挂线，从2个线圈中引拔出）。
- **长长针**：钩针挂2次线，插入锁针的里山，钩针再次挂线并拉出。重复（针上挂线，从2个线圈中引拔出）。
- **2针长长针的枣形针**：钩2针未完成的长长针，钩针挂线，从针上的3个线圈中一次性引拔出。
- **3针长长针的枣形针**：钩织3针未完成的长针，钩针挂线，一次性从4个线圈中引拔出。
- **2针长针并1针**：钩2针未完成的长针，一次性从钩针上的3个线圈中引拔出。
- **4针长针并1针**：钩4针未完成的长针，钩针挂线，一次性从钩针上的5个线圈中引拔出。
- **5针长针并1针**：钩5针未完成的长针，钩针挂线，一次性从针上的6个线圈中引拔出。

设计：克里斯特·穆斯涅尔

马塔努斯卡风

材料和工具
* 线的颜色 版本A：叶绿色、橘色、栗色、古老玫瑰色、黄色
* 线的颜色 版本B：紫红色、白色、绿色
* 使用和线粗细吻合的钩针
* 版本B：绣花的直径、缎带、锯齿形花边、花边……

基本针法
锁针、引拔针、短针、长针、并针：看编织图解

编织方法
版本A
用叶绿色线，环形起针。

第1圈（叶绿色线）：立织3针锁针，1针长针，3针锁针，重复7次（2针长针、3针锁针），编织终点与立织的锁针钩引拔针，剪线。

第2圈（橘色线）：重复8次{在锁针上钩（1针短针，15针锁针，1针短针），1针锁针，1针狗牙针，1针锁针}，编织终点钩引拔针，不剪线。

第3圈（橘色线和栗色线）：钩引拔针将黄色线移动到锁针链的中间{用橘色线立织3针锁针，4针长针，用栗色线钩1针长针}，用栗色线钩5针锁针，重复7次{在锁针链上（栗色线钩1针长针、橘色线钩5针长针、栗色线钩1针长针），栗色线钩5针锁针}，在一开始的锁针链上用栗色线钩1针长针，编织终点用橘色线与立织的锁针钩引拔针，不剪线。

第4~17圈：按照图解继续钩织，剪线。

版本A

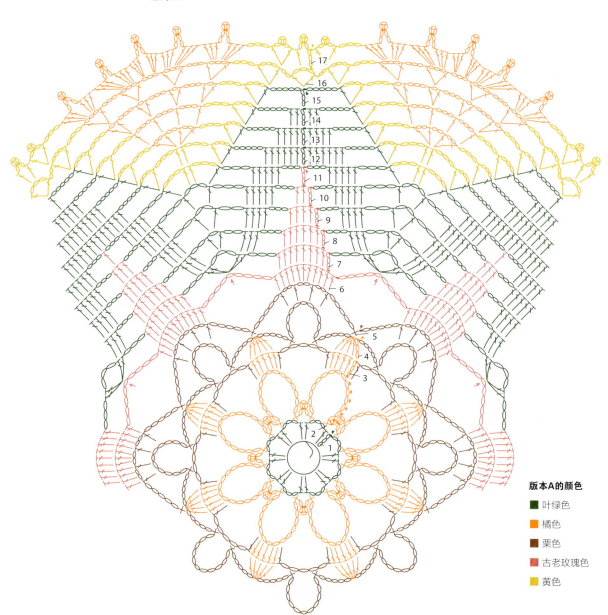

版本A的颜色
- 叶绿色
- 橘色
- 栗色
- 古老玫瑰色
- 黄色

图解说明

◂ 剪线

◯ 环形起针

○ **锁针**：钩针挂线，将线从线圈中拉出。

- **引拔针**：钩针插入前一行针目头部的两根线中，钩针挂线并引拔出。

× **短针**：钩针插入锁针的里山，针上挂线并拉出。再次挂线，从钩针上的2个线圈中引拔出。

╤ **长针**：钩针挂线，插入锁针的里山，钩针再次挂线并拉出。重复（针上挂线，从2个线圈中引拔出）。

↑ 钩在前面指定的一针上。

5针长针并1针：钩5针未完成的长针，一次性从钩针上的6个线圈中引拔出。

设计：维罗尼亚·托尼亚

马塔努斯卡风

版本B
第1~17圈：按照图解钩织，剪线。

完成版本B
小花
用白色线，环形起针。
钩1针锁针，重复4次（1针短针、3针锁针、4针长针、3针锁针），编织终点钩引拔针，剪线。
用同样的方法钩21朵小花。

玫瑰
钩35针锁针的锁针链。
第1行：在锁针链上钩1针锁针，1针短针，随后重复钩（在1针锁针上钩5针长针，在1针锁针上钩1针短针），剪线。
一共6朵玫瑰，每个颜色钩2朵。
将玫瑰卷起来，用藏针缝固定。
如图缝上玫瑰和小花。
将作品固定在绣花绷的中央，再系上自己喜欢的缎带。

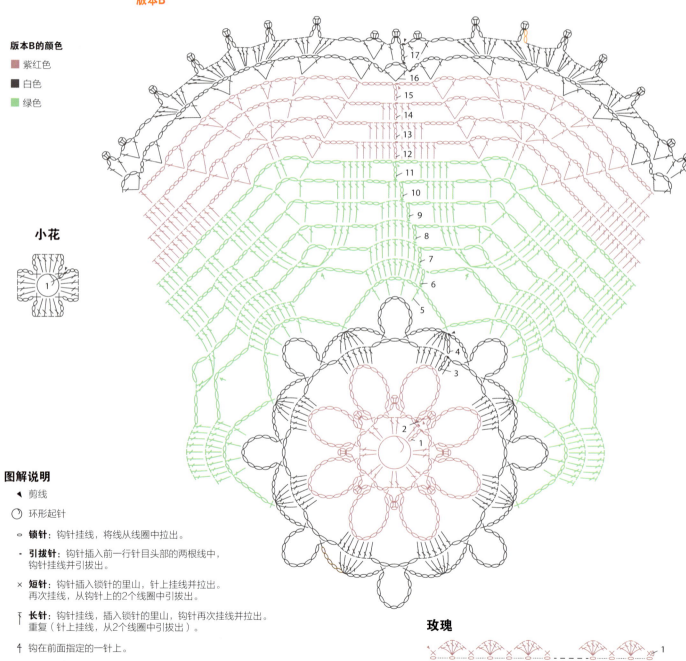

版本B的颜色
- 紫红色
- 白色
- 绿色

小花

图解说明
- ◀ 剪线
- ○ 环形起针
- ○ 锁针：钩针挂线，将线从线圈中拉出。
- − 引拔针：钩针插入前一行针目头部的两根线中，钩针挂线并引拔出。
- × 短针：钩针插入锁针的里山，针上挂线并拉出。再次挂线，从钩针上的2个线圈中引拔出。
- ┼ 长针：钩针挂线，插入锁针的里山，钩针再次挂线并拉出。重复（针上挂线，从2个线圈中引拔出）。
- ↑ 钩在前面指定的一针上。
- ⋀ 5针长针并1针：钩5针未完成的长针，一次性从钩针上的6个线圈中引拔出。

玫瑰
35针锁针的锁针链

设计：伊莎贝尔·马萨科里亚

泽飞尔风

材料和工具
* 线的颜色：原白色、黄色、橘色、黄褐色、绿松石色、深蓝色
* 使用和线粗细吻合的钩针

基本针法
锁针、引拔针、短针、长针、长长针、3卷长针、4卷长针、3针长长针并1针：看编织图解

编织方法
用原白色线，环形起针。
第1圈（原白色线）：立织4针锁针，27针长长针，编织终点与立织的锁针钩引拔针，不剪线。
第2圈（原白色线）：钩1针锁针，重复14次（1针短针、3针锁针、越过1针长长针），编织终点钩引拔针，剪线。

图解说明
◀ 剪线
◯ 环形起针
○ 锁针：钩针挂线，将线从线圈中拉出。
- 引拔针：钩针插入前一行针目头部的两根线中，钩针挂线并引拔出。
× 短针：钩针插入锁针的里山，针上挂线并拉出。再次挂线，从钩针上的2个线圈中引拔出。
┃ 长针：钩针挂线，插入锁针的里山，钩针再次挂线并拉出。重复（针上挂线，从2个线圈中引拔出）。
┃ 长长针：钩针挂2次线，插入锁针的里山，钩针再次挂线并拉出。重复（针上挂线，从2个线圈中引拔出）。
┃ 3卷长针：钩针挂线，绕3圈线后插入1针，针上挂线，重复（针上挂线，从2个线圈中引拔出）。
┃ 4卷长针：钩针挂线，绕4圈线后插入1针，针上挂线并拉出。重复2次（针上挂线，从2个线圈中引拔出）。
┃ 3针长长针并1针：钩3针未完成的长长针，钩针挂线，一次性从钩针上的4个线圈中引拔出。

第3圈（黄色线）：在锁针链上钩3针长长针并1针，重复13次（6针锁针、在锁针链上钩3针长长针并1针），编织终点在3针长长针并1针上钩1针长长针。剪线。
第4~21圈：按照图解继续钩织。
第22~31行（绿松石色线）：按照图解往返钩织，剪线。重复钩14次。
第32~33圈（深蓝色线）：按照图解在整个作品上环形钩织，剪线。

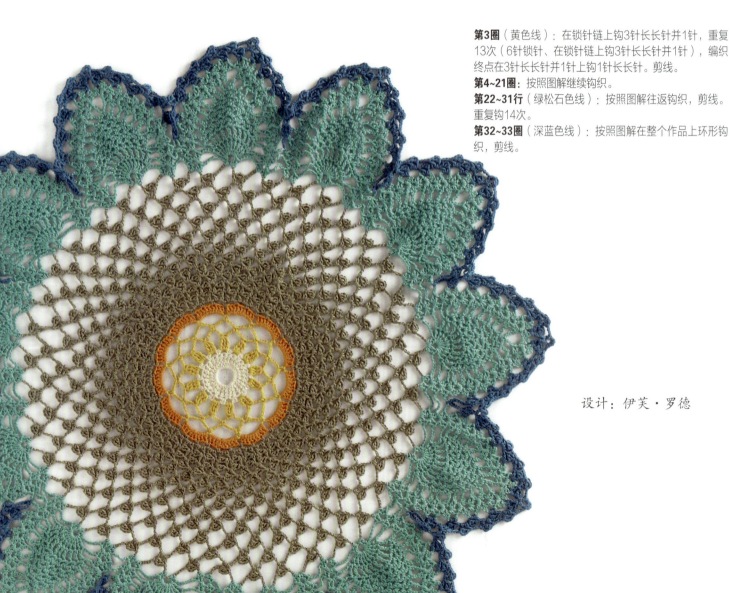

设计：伊芙·罗德

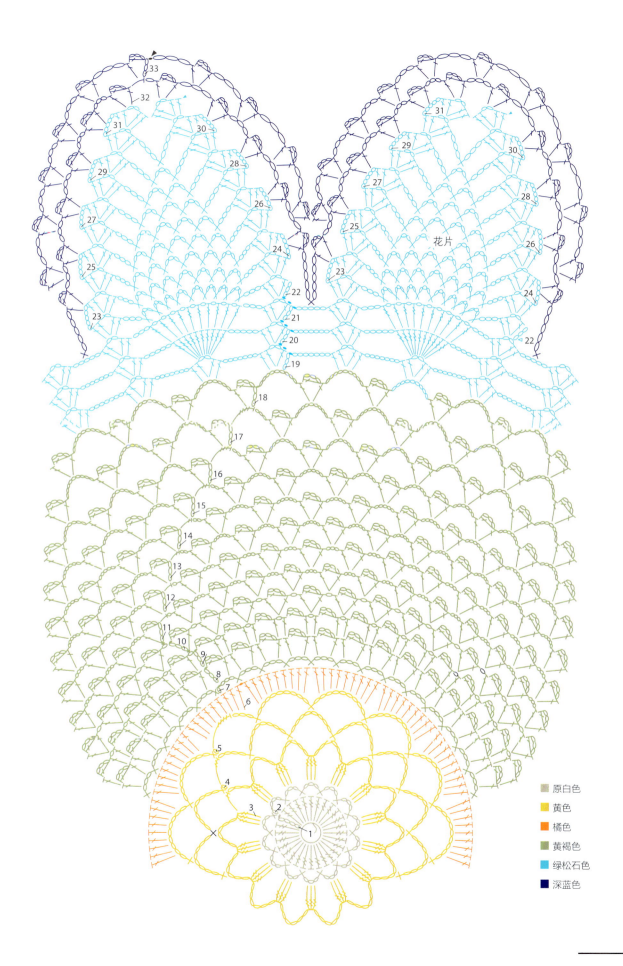

钩针编织基本针法

锁针起针

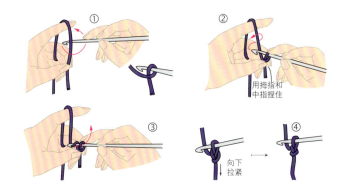

第1步：将钩针放在线后面，如箭头所示转动绕线。
第2步：用左手拇指和中指捏住线圈交叉处，如图所示转动钩针挂线。
第3步：将线从钩针上的线圈中拉出。
第4步：拉住线的末端，往下拉，收紧线圈。

锁针

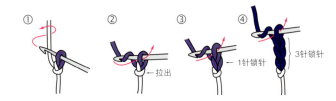

第1步：钩针按照箭头方向转动，挂线。
第2步：将线从钩针上的线圈中拉出，完成第1针锁针。
第3步：重复钩第2针锁针。
第4步：重复钩织，图为钩织了3针锁针。

引拔针

第1步：如箭头所示，将钩针插入前一行针目头部的两根线里。
第2步：钩针挂线，按照箭头所示引拔出。

短针

第1步：将锁针翻转，如图所示插入锁针的里山。
第2步：从后向前挂线，并按照箭头方向拉出。
第3步：钩针再次挂线，从钩针上的2个线圈中引拔出。
第4步：短针完成了。

长针

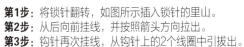

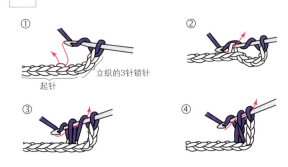

第1步：为了形成第1针长针，需要立织3针锁针，然后在钩针上挂线，插入锁针的里山。
第2步：钩针挂线，按箭头方向拉出。
第3步：钩针再次挂线，从钩针上的2个线圈中拉出。
第4步：钩针再次挂线，从剩余的2个线圈中引拔出。

在一圈中改变线的颜色

在钩织前一个颜色（a）的最后一步时，加上新的颜色（b）。在颜色（a）线的背面将颜色（b）系在颜色（a）最后一步的一针上。然后用颜色（b）继续按照同样的方式钩织。注意：如果有太多的点在两个颜色之间，最好用不同的钩针使用不同颜色的线圈钩。

长长针

第1步：立织4针锁针（代替1针长长针），钩针挂线2次，插入锁针的里山。
第2步：钩针挂线，按箭头所示从2个线圈中拉出。
第3步：钩针再次挂线，如箭头所示从2个线圈中拉出。
第4步：钩针再次挂线，从剩余的线圈中引拔出。
第5步：长长针完成了。重复步骤①~④。

3卷长针

 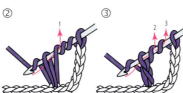  

第1步：立织5针锁针（代替1针3卷长针），钩针挂线3次，插入锁针的里山。
第2步：钩针挂线，按箭头所示拉出。
第3步：重复2次（在钩针上挂线，从2个线圈中拉出）。
第4步：钩针再次挂线，从最后2个线圈中引拔出。
第5步：3卷长针完成了。重复步骤①~④。

长针的反拉针

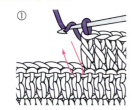 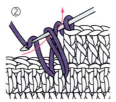  

第1步：钩针挂线，从织片后面插入上一行长针的根部，全部挑起。钩针再次挂线并拉出较长的线。
第2步：钩针挂线，按照箭头所示引拔针穿过2个线圈。
第3步：钩针挂线，按照箭头所示引拔针穿过2个线圈。
第4步：1针长针的反拉针完成。

长针的正拉针

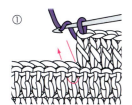 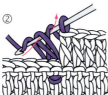  

第1步：钩针挂线，从织片前面插入上一行长针的根部，全部挑起。
第2步：钩针再次挂线并拉出较长的线。钩针挂线，按箭头所示引拔针穿过2个线圈。
第3步：钩针再次挂线，，一次性引拔穿过剩下的2个线圈。
第4步：1针长针的正拉针完成。

Mandalas au crochet, collective word
© Les Editions de Saxe—2016

版权所有，翻印必究
备案号：豫著许可备字—2016—A—0413

图书在版编目（CIP）数据

美丽的曼陀罗钩织／（挪）安和卡洛斯等著；陆歆译. —郑州：河南科学技术出版社，2019.1
ISBN 978-7-5349-9404-3

Ⅰ.①美… Ⅱ.①安… ②陆… Ⅲ.①钩针-编织-图集 Ⅳ.①TS935.521-54

中国版本图书馆CIP数据核字（2018）第277198号

出版发行：河南科学技术出版社
　　　　　地址：郑州市金水东路39号　邮编：450016
　　　　　电话：（0371）65737028　65788613
　　　　　网址：www.hnstp.cn
策划编辑：刘　欣
责任编辑：刘　欣
责任校对：王晓红
封面设计：张　伟
责任印制：张艳芳
印　　刷：北京盛通印刷股份有限公司
经　　销：全国新华书店
开　　本：889 mm×1194 mm　1/16　印张：5　字数：150千字
版　　次：2019年1月第1版　2019年1月第1次印刷
定　　价：49.00元

如发现印、装质量问题，影响阅读，请与出版社联系并调换。